U0216272

【德】伊曼纽尔·比尔梅林〔Immanuel Birmelin〕◎ 著
李雨晨　刘美珅 ◎ 译

了解狗狗的个性

狂野“汪星人”，敏感“含羞草”？

通过此书，
您可以了解爱犬的**个性，**
与它们建立**情感纽带**

漓江出版社

【德】伊曼纽尔·比尔梅林〔Immanuel Birmelin〕◎ 著
李雨晨　刘美珅 ◎ 译

了解狗狗的个性

狂野“汪星人”，敏感“含羞草”？

善用**个性**因材施教，
让爱犬成为受欢迎的社会成员

目录

情感的力量 61

学习——通往世界的大门 85

目录

真诚地希望本书的内容可以为您的生活增添愉悦，为您带来探索美好生活的灵感。GU的每一本书籍都专注于品质，力求将内容、视觉以及装帧完美地显现在您眼前。

本书的全部内容都由作者和编辑精心挑选，反复推敲，以此向您提供值得信赖的品质保证。

您可以信赖：

本书内容以严谨科学的畜牧学为基础，以动物的福祉为宗旨，我们向您承诺：

本书提供的所有指导和小技巧都经过专业人士的实践检验；

所有指导和技巧都配有文字解释和插图，简便易操作。

本书引进自德国GU出版社——诞生于1722年的咨询类专业书籍出版社。

序

每只狗狗都是感情细腻的“汪星人”

我要感谢我的母亲和我的狗狗们，是他们塑造了我，他们给我的性格打上了深刻的烙印。5岁的时候，我母亲送给我一只松狮。从那之后，狗狗就再也没有离开过我的生活。我碰触到了它们的灵魂，它们也碰触到了我的。我很小的时候就意识到狗狗是有独特个性的“汪星人”。这不是一件想当然的事，科学界也是近几年才开始关注动物的个性问题。直到今天，我们社会中的大部分人还没有将动物看作有个性的生物。人们通常认为要养好狗狗，重点仅在于分类饲养。其实不然，对狗狗个性的了解与对它们的品种和类别的了解一样重要。但事实上，在对狗狗的教育和训练过程中，它们的个性经常被忽略。饲养者的世界里充斥着各种不可靠的喂养策略，殊不知只有真正付出感情和理解才能缩短彼此内心世界的距离。祝您在发掘自家“汪星人”个性的过程中获得无限的乐趣。

Immanuel Birmelin

伊曼纽尔·比尔梅林

有迹可循的个性

龙生九子，各有不同，即使是一母同时所生的小狗崽，长得完全一样，它们中的每一个也都有其独特的个性。如果主人能充分了解自己爱犬的性格，以此因材施教，他自己和狗狗都能过得开心快乐。

一只叫菲利克斯的狗

我们家曾经养了一只较为罕见的长毛德国牧羊犬，叫菲利克斯，它真的非常棒。它是兄弟姐妹中唯一的一只长毛犬，看起来就像一只毛茸茸的玩具熊。正是这个原因，让我和妻子一眼就相中了它。菲利克斯来到我们家以后，很快就完全适应了，它跟我们家人相处得非常愉快，很快就学会了该学的基本技能。它好奇心很重，喜欢冒险，不管是跟同类还是跟人都很容易相处。它几乎不知道什么叫害怕，是个惹人喜爱的冒失鬼。它非常喜欢有人轻挠它的耳后。我们在一起度过了非常幸福的8年时光，此后不幸就发生了。一个夏天的早晨，菲利克斯突发重病，开始腹泻，几乎不能进食，还发着高烧。它变得极其虚弱，几乎无法动弹。

兽医诊断菲利克斯患了病毒性犬瘟，我们万分沮丧，知道这个病非常危险，如果狗狗之前没有注射过疫苗，极有可能死亡，况且1960年之前还根本没有这种疫苗。我妻子当时在一所大学的诊所里当医生，她主动肩负起了给菲利克斯治疗的重任。那时能够使用的药品非常有限，她每天变着法儿地做胡萝卜蔬菜粥，一勺一勺地喂菲利克斯，直到它不再拉肚子。经过一周的精心照料，菲利克斯的排泄物恢复了正常，它看起来已经从鬼门关回来了，并且恢复得很快。但是我们并没有开心多久……大概两周后的一天，我妻子正站在厨房里喝咖啡，菲利克斯突然对着她发出呜呜的威胁声。我当时并没在意，还在客厅继续看我的书。我们的厨房和客厅挨着，中间有个门一直开着。突然菲利克斯跳起来扑向我妻子，想去咬她的喉咙。直到今天，我都没有再见过哪只狗狗会那样攻击人。我马上跑过去，在最后关头揪住了菲利克斯的尾巴，把它从我妻子身上拉开。我开始对菲利克斯发火，大声呵斥它，幸好，它还听我的话，不再攻击了。这次事件后，菲利克斯似乎又恢复了正常，它也会让人抚摸、亲吻，一切就像没发生过一样。但我的妻子非常伤心，她在菲利克斯生病时倾注了那么多的爱、精力和感情，难道这就是回报吗？

疾病可以改变性情 大量研究表明：犬瘟病毒会攻击并损害大脑，导致狗狗患上严重的精神疾病。那么菲利克斯对我妻子的攻击是否也是犬瘟后遗症呢？兽医们都给出了肯定的答复。我们俩当时都对以后如何继续跟菲利克斯共处感到担忧，一些兽医建议我们给它执行安乐死，因为它的攻击性是个定时炸弹。没人知道它的大脑发生了哪些变化，更别提治好它。虽然我们内心十分不安，但还是决定继续与菲利克斯共同生活。此后在它生命的最后 3 年里，我们尽了自己最大的努力。但是它总会做出一些我们无法理解的行为。它对其他同类不再镇静、温和，变得胆小、狂躁，有时甚至会和其他狗狗打作一团；它身上的平和消失了，个性发生了翻天覆地的变化，一些原来的优点比如可靠、好奇心都不见了，它已经不是原来的菲利克斯了。那时，科学界还没有注意到动物的个性问题。这一情况也是到了近十年才有所好转，人们开始逐渐用新的生物化学和显影技术来了解动物的个性。

如果药物能带来福音 菲利克斯的事过去 20 年之后，我才又一次看到了狗狗个性改变的案例。当时我正在美国录制电影《如果动物能说话》。在费城郊区，我遇到了一只叫科迪的达尔马提亚犬（俗称斑点狗）。科迪曾经在一夜之间性情大变，它不停地转圈试图去咬自己的尾巴，对这种无意义行为的任何介入，它都报以呜咽和撕咬。它的主人麦克和玛丽对此却无可奈何，伤心透顶。附近的兽医也爱莫能助。一次偶然的机会，两人听说有位专门研究狗狗心理疾病的专家叫卡伦·欧文奥尔，便去咨询了他。他诊断科迪患了强迫症，并开了一些精神病药物。这种药对于治疗人类的强迫性精神疾病非常有效，并且在狗狗身上进行过动物实验，所以它在科迪身上也见效了。几天后科迪病情好转，慢慢地不再一直转圈，也几乎不咬尾巴了。但是它却没有彻底痊愈，一旦停药，它的病情就会反复发作。换句话说，科迪只有靠药物才能稳定情绪，如果没有药物的话，它大脑里的化学结构就会崩溃，变成另一个“人”。

个性的基础是什么？

人和动物的个性基础都来源于大脑。大脑的不同部位基于一个共同机制分工合作，个性便由此产生。关于这个问题我们会在谈到人和狗狗的大脑结构时再详细论述，现在我们要先解决另外的问题：到底什么是个性，如何确定人或者狗狗的个性。

行为生理学和脑研究专家格恩哈特·罗特在他的书《个性、决断力和行为》中写道，个人的行为会发展出一种长期模式，这种模式就是个性。它是性格特征、感情生活、智力、行为方式和交流方式的结合。通常结合方式的不同决定了个体个性的不同。

个性主要包含了习惯，也就是人通常的行为方式。按照这个定义就不难给狗狗的个性进行分类了。

对主人来说，狗狗有自己的个性并不是什么奇怪的事情，

您知道吗？

芬兰的研究人员发现，欧洲的猎人和收藏家是世界上第一批开始养狗狗的人，他们养狗狗的历史距今大约19000年至32000年。以前人们认为狗狗的祖先来自东亚，但是通过对比1000年至36000年前的狗狗和狼的DNA，以及今天的狗狗和狼的DNA，人们发现很多数据显示今天的狗狗的祖先过去生活在欧洲。

他们每天都在有意或无意地跟狗狗打交道，不管当时是开心还是生气，他们从未怀疑过狗狗有个性这件事。

但是为什么以前行为学家们研究狗狗的个性那么困难呢？何况这还是研究领域的重中之重，可以让我们深入地了解爱犬。原因有以下几点：

1. 个体或者个体的独特性增加了研究的困难。许多科学知识、规律和法则只有在排除了研究对象独特的个性之后才有效。而且，在特定条件下对个体进行单独观察所得到的结果有可能会被简单笼统地概括，这样的研究当然是有问题的。由于缺乏统计样本的检测，想要发掘存在于个体之间的普遍规律，就必须排除个体的差异。

2. 要了解动物的个性是难上加难。虽然格恩哈特·罗特对个性的定义能够解释个性的构成，但是却无法说明个性的特征。

小贴士

狗狗的个性比它们的群体特征更重要，比如一只胆小的狗狗就需要更多的奖励和关注，而在实验观测中的狗狗则必须得时不时地让它“冷静”一下。

寻找汪星人的“五类人格”

过去，个性研究者不管想要搞清楚人还是动物的个性，他们都觉得任重而道远。那时，他们研究的前提就是认识到不能将个体的个性分开看作独立的样本，而要在质和量这两方面将人类的个性特征进行分类。所谓的“五类人格”的研究就是这样开始的，他们首先找出所有可能用来描述人类个性特征的词语，从这些繁复的词语和概念中提取出“五类人格”。大多数的心理学家和行为研究者都认为“五类人格”能够最忠实地描述人的个性。那么这个概念究竟有什么含义呢？

个性可以划为五个特征领域或行为维度，每个维度由正负两个层级来界定。当然，两极之间还有很多渐进的阶梯层级。

好相处——不相容的　正面特征：富有同情心、友好、欣赏他人、真诚、热心、大方、有信心、乐于助人、宽容、乐于合作、感情细腻等；负面特征：冷漠、不友好、爱争吵、冷酷、

▸ 如果主人能充分了解自己爱犬的性格，以此因材施教，那么狗狗的学习将容易得多。

残忍、吝啬等。

外向——内向 正面特征：自信、有活力、开放、强势、爱交际、爱冒险等；负面特征：保守、安静、害羞和内敛。

开放——封闭 正面特征：兴趣广泛、有创造力、求知欲强、积极性高、好奇心强等；负面特征：兴趣少、害怕新事物、知识单一、狭隘等。

情绪稳定——情绪不稳定（神经官能症） 正面特征：自信、很少出现怀疑和负面情绪、情绪稳定；负面特征：情绪不稳定、缺乏勇气、较快陷入绝望。

认真——粗心 正面特征：有条理、谨慎、有计划性和预见性；负面特征：没有条理、轻率、精力不集中、不可靠、不整洁。

当然“五类人格”的模式不是毫无争议的，因为它很容易让人联想到五个贴了标签的抽屉，这么描述一个人过于死板。但事实并非如此，研究者们非常清楚，每类人格下都有更多数不清的小抽屉，而且它们之间的界限是流动的。这种分类方式纯粹是通过量化和统计研究得到的，并没有对我们大脑中神经生物化学反应的过程进行解释。

动物的个性特征

过去的几十年中，人们对人类个性的研究取得了长足的进步，但是对动物个性的研究进展如何呢？美国加州伯克利大学的心理学家萨穆埃尔·D. 葛思林成功跨越了心理学和行为生物学之间的鸿沟，他在这两门学科之间建立起的沟通桥梁是否能维系下去，还要拭目以待。但谢天谢地总算是迈出了最关键的一步。因为了解了自己爱犬的个性，就等于获取了狗狗幸福健康的钥匙。为什么会这样，我们以后还会详细讨论。但可以确定的是，了解爱犬的个性，对人和狗狗都是一件好事，人们也可以在教育狗狗方面节约很多时间和精力，也不会那么容易发火，双方可以和谐相处。从这个意义上来说，人们对萨穆埃尔·D. 葛思林的研究的重视度还远远不够。

小贴士

我的伯恩山犬瑞克的个性比较胆小，即使是接近同类，它也会夹着尾巴。

葛思林花了大量精力来搜索文献，他仔细寻找关于动物个性的报道。科学家们问自己："动物的基本个性特征是什么？"他们尝试将针对人类的"五大类人格"的成功心理分析模式应用于动物的个性研究。这种尝试得到了回报，他们找到了方法，可以将不同的动物，比如黑猩猩、大猩猩、鬣狗、猪、老鼠甚至是鸟类、鱼类（古比鱼）和章鱼分别划分到五大类的个性特征里。当然，这种模式不能一对一照搬到动物身上。对于家猫或者猩猩中的独行侠来说，"容易相处"这一特征在它们的族群内部就没那么重要。而人类的近亲黑猩猩在所有动物中最适合做"五类人格"的划分。那么这种模式到底适不适合我们的狗狗呢？

难搞的瑞克

对于上文提到的那个问题，有四只狗狗可以给我们答案：弗洛克，一只混血牧羊犬；白瑞，一只雌性雪山搜救犬；罗比，一只寻回犬；以及瑞克，一只伯恩山犬。和瑞克在一起的日子，是我跟狗狗有过的最可怕、最痛苦的经历。它是我小时候第一只自己选的狗狗。我父母的一个朋友非常喜爱伯恩山犬，他经常跟我说这种狗狗有多忠诚、多黏人。那之前我只养过松狮，它们都非常独立，有自己的想法。但对于一个 11 岁的小男孩来说，松狮犬并不是很好的玩伴，于是我做梦都想要一只伯恩山犬，20 世纪 50 年代末这种狗狗在德国还很少见。但是天助我也，我们订的《巴登报》上有人在卖伯恩山犬，地点在距我们家 700 公里处的汉诺威。瑞克的饲养者把它装到一个运输笼里，用火车寄到了弗莱堡。

当我们打开运输笼时，它夹着尾巴，非常胆怯地看着我们，没有发出一丝声音。我们以为它是在火车上受到了惊吓，所以并没有多想。我们把一切都准备好了：在房间的走廊里给它添置了带毯子的窝，旁边放上狗粮、水和一根绳子，绳子上绑了几根供它玩的树枝——那个年代还没有狗玩具。我妈妈和我胆子比较大，试着去抚摸它，但它总是马上逃开，拒绝任何形式的接近。我们也不想逼迫它，决定给它时间来适应新的环境。但是一个星期后，瑞克的行为没有任何改变，这时我们才觉得不对劲。只有用食物才能吸引它过来，而且它总是把食物小心、快速地叼住之后就立马跑开。它就像一只野狐或者狼。三个星期之后，情况依然没有好转。为了带它去散步，我们必须得抓住它，并用绳子拴住。它接近其他狗狗的时候也是夹着尾巴小心翼翼地。它会避开人和同类。事实上，瑞克也对周围的环境感兴趣，它会警惕地这儿嗅嗅，那儿闻闻，以此来探索我父母家附近的区域。只可惜，我们几乎不敢松开它的绳子，不然它随时都会跑掉。我们叫它，它几乎不回应，除非它饿了或是我要给它食物。我真的绝望了，因为我对它付出了全部的爱和精力。我一次又一次地尝试抚摸它，只要有机会就带它去散步。但是让它跟我一起住在屋子里是不可能的，因为它总会随地大小便。经过了七个月徒劳的努力，我们还是没有取得它的信任，我父亲只好在工厂附近给它建了一个大大的狗舍。我觉得，没有了来自人类的压力之后，瑞克自在多了。虽然它的症状有轻微的好转，但是它一辈子都很胆小害羞，并且怕人。

小贴士

请您在挑选小狗崽时注意它的社交能力，那个小家伙必须有跟不同的人和同类打交道的经验，并且要熟悉周围环境中各种可能的刺激。

人类对瑞克来说是陌生的吗？ 虽然没有明确的原因来解释瑞克的行为，但是我们可以从某些假设中得到启示。根据斯科特、富勒和弗里德曼曾经的研究显示，狗狗如果在出生后的9~14周内没有跟人接触过，那么它们就会一直躲避人类。狗狗必须尽早了解“人类是什么”。如果它们在社会环境中缺少跟人类接触的经验，就不知道如何与人类相处。只有在特定的发育阶段它们才能够学习“人类是什么”，这段时间对动物的印随行为（译者注：又称铭印行为或印痕行为）有决定性作用。我在拥有了瑞克的时候，并不知道这些，诺贝尔奖得主康拉德·劳伦兹（译者注：奥地利动物行为学家）对印随行为的发

▸ “在这里我是老大。”在水里寻回犬罗比觉得格外舒适安全，而在陆地上则恰恰相反。

现也是在那之后。印随是一种动物出生后早期的学习行为，人或动物在这一时期学会的东西几乎终生不忘，当然这样的学习行为也只发生在特定的时间段内。比如灰雁在小时候就必须知道自己以后的性伴侣是什么样子。这种情况就被称为性印随。狗狗的社会化也是类似印随行为的一个过程。在20世纪50年代中叶，人们对此还一无所知，所以也许瑞克的饲养者在它小时候并没有跟它接触过，而瑞克在印随形成的敏感时期也从来没有见过人类。这个假设或许能解释瑞克的行为，但是这还无法解释为什么连同类都要避开。

瑞克是个自闭症患者吗？ 我提出这个大胆的设想，是因为我曾经就这么怀疑过。对自闭症患者来说，与他人交流非常困难，许多患者避免与他人有目光或肢体接触，也无法理解他人的表情和手势。除了交流障碍，他们还会不停地重复某种动作或句子。动物是否也会患有自闭症，这在今天仍是个有争议的问题。医药企业在这方面已经走在了前面，他们已经“制造”出了带有自闭症状的小白鼠，有些老鼠会不停地擦拭自己的身体，有些连续地在一个地方蹦跶，同时，它们对一个笼子里的其他同类毫无兴趣。医药公司在这些小白鼠身上做药物实验，试图找到能缓解自闭症状的新药。这项研究已经有了一些成果，至少在小白鼠身上有效。不管动物学学界有什么争论，我还是确信瑞克是少数患有自闭症的狗狗之一，因为它不仅怕人也怕同类。

火灾中临危不乱的白瑞

虽然我努力打破和瑞克之间的坚冰，但种种尝试都宣告失败。所以我的父母又给我买了第二只小狗——一只叫白瑞的雌性雪山搜救犬。我们全家都围着它转，每个人都要抱抱亲亲这个小毛球，它那会儿刚满 14 周。唯一一个把白瑞晾在一边的就是瑞克，它自始至终都不把白瑞当回事。白瑞在所有方面都与瑞克截然相反：它黏人，不认生，有自信，天不怕地不怕，简直就是教科书式的狗狗，打着灯笼都很难找到。如果我们参照“五类人格”来看，在它身上体现了四种个性特征：

1. 好相处　白瑞的这种性格让人跟它在一起很舒服，你不必担心它会扑人或攻击同类，它百分之百可靠。我那些才 1~3 岁大的侄子侄女在它周围上蹿下跳，甚至把自己的小手伸到它的嘴里，或者拽它的尾巴，它都不会发脾气。

2. 外向　这只雪山搜救犬非常了解自己的优势，在同类面前很自信、强势，它总是想和伙伴们去探险，有次差点儿因此丢了小命。那次白瑞和它的小伙伴溜到了附近的水源保护地，有个猎人正好看见，就对它开了一枪。幸亏它伤得并不严重，还能挣扎着走了大约一公里回家，但是它受到非常严重的惊吓，以至于身上的毛差不多都掉光了，小尾巴也秃了。这种现象在

您知道吗？

莱比锡的马克思－普朗克研究所的研究人员发现，狗狗理解和使用人类手势的能力要比黑猩猩好得多。没有任何一种类人猿能够对人类指示的手势做出相应的反应，但是狗狗可以明白人类的手势，并且拿来人类所指的东西。

人和动物受到极端惊吓后并不少见。不过当身上的毛褪掉之后，白瑞很快就恢复了，它又变回了从前的样子，自此之后对枪声也不害怕了。

3. 开放　白瑞非常喜欢学习，它的好奇心让我父亲工厂里的工人们都叹为观止。它经常在工厂的大厂房里溜达，闻闻那些机器。您见过哪只狗狗会对机器感兴趣吗？它对一台负责生产蜡烛的牵引机兴趣颇大。那台机器由两个相距大约5米的转筒连接而成，在转筒上绷着蜡烛的烛芯，随着转筒的运转，烛芯上就会裹上一层液体状的蜡。终于有一天，白瑞的好奇心战胜了它的谨慎，它跳进了蜡池，幸好那些蜡不热，它的四只蹄子穿着“蜡靴”，走到那些工人面前，可怜巴巴地寻求帮助去了。

4. 情绪稳定　白瑞的情绪到底可以稳定到什么程度？这一点也许在一次火灾中可以得到证明。我父亲所在的工厂由于一次人员疏忽引发了火灾，整个工厂几乎被烧得只剩墙基了。火灾中液化气罐爆炸了，三人丧命。我妹妹想起了工厂边的狗舍，她跑过去想把瑞克和白瑞放出来。但当她打开狗舍的门时，只有白瑞跑了过来，瑞克却溜到了它休息的小天地里不愿出来，我妹妹大声叫了它好几遍，它也不予理睬，我妹妹好心跑进它的小花园想把它赶出来，可它还是一动不动。瑞克的这种本能行为最终导致了它的厄运——它被烧死了。相反地，白瑞没有表现出任何的恐慌或害怕，它乖乖地跟着我妹妹回了家。

5. 关于“认真”　我并不相信狗狗会“认真地”做一件事，因为“认真”的前提是它们要对自己的行动精心策划、计算并且在大脑中演练，以确保它们的行动高效有力。虽然我们在实验中多次试图证明狗狗清楚地知道自己在做什么，但是我依然不认为狗狗有这个能力，毕竟“知道做什么”和“知道怎么做”之间有很大的区别。

6. 关于“保护欲”　白瑞的性格中还显示出了一点狗狗本性中的特质——对主人的保护欲。这种性格特点在不同的狗狗身上表现的程度也不尽相同。人类的这种性格特质不是特别明显，所以“保护欲”没有被列入“五类人格”的范围。白瑞的“保护欲”非常强，任何人都不能在它面前攻击我，甚至是我哥哥。

我哥比我大 8 岁，有次我俩因为一件鸡毛蒜皮的小事吵得不可开交。哥哥打了我，白瑞发现之后龇着牙跑到他面前，发出恐吓的咕噜声，65 公斤的它毛都竖了起来，四颗犬齿闪着寒光，我哥哥非常清楚它的意思，灰溜溜地扭过头悄声离开了房间。我那时只要有空就跟白瑞混在一起，我们一起去森林散步，去探险。我这一生对狗狗的爱都是源于白瑞。

维斯拉和罗比

维斯拉——另一只雌性雪山搜救犬，它的性格是我见过的最让人琢磨不透的。它 18 个月大的时候才来到我们家，那时罗比已经在我们家好几年了，罗比是只可爱的（有时也很固执）寻回犬。罗比的活力源泉就是水，水就是它的天下，平时它是不敢跟其他雄性狗狗叫板的，基本都会心甘情愿地臣服。但是只要在水下，它简直变了一个“人”，勇敢甚至会铤而走险。它会从那些平时它害怕的狗狗嘴里抢玩具，会冲它们威胁地叫。在陆地上比较迟缓的它，到了水下就异常聪明，还会捡回水里的东西。维斯拉和罗比在一起的时候还算互相给面子，直到有一天……

小贴士

年纪较大的狗狗来到新家之后需要时间来适应新环境和陌生人。当它做出什么不合您意的行为时，请不要立马施以强硬的态度或是惩罚的措施。只有你们之间建立起了一种情感连结之后，您再用奖励性的措施来改变它的行为。

理解它们的感受 有一次，我和我妻子从非洲旅行回来，它们两个都摇着尾巴，兴奋地叫着迎接我们，罗比激动地从维斯拉身旁挤过去，想要第一个争得我们的爱抚。维斯拉反应过激了，它冲着罗比大叫，并且攻击了它。我立马将它们分开，大声斥责这两个小东西。维斯拉害怕了，它放过了罗比。我很清楚不能就这么放任它们俩不管，不然它们以后说不定就成了敌人。维斯拉醋意十足，而罗比又有点儿害怕。在它们争执过后，我把它俩都叫到身边，一只手抚摸一个，跟它们讲话，拥抱它们。我想让罗比由此得到安全感，证明我并没有讨厌它，而维斯拉也要明白，虽然我们爱它，但它也不能攻击他人。于

▸ 大部分自信的松狮犬的特征是它们蓝色的舌头、突出的上唇和上颚。

是这两个家伙又重归于好，它们的友谊至少又延续了一年。

一年后维斯拉突然性情大变。有一次，我和妻子旅行回来，热切盼望见到它们。但是维斯拉一脸凶相，龇着牙，冲我大叫。它的行为与其说是针对我们，不如说只是针对我。我站在那儿手足无措，但并不害怕，我没有后退，而是好言好语哄着它，但这并没有奏效。当维斯拉看到我妻子时，却立马跑过去高兴地迎接她，完全把我晾在一边。难道就像很多驯犬师说的那样，这种行为是在和我争夺“至高权”吗？或者它只是在发泄怒气，怨我把它自己留在家里了？大概过了5~10分钟后，它的攻击性缓和了，开始舔我的手、我的脸，在我身边蹦蹦跳跳的了，我们又心意相通了。我认为在这种情况下坚持自己的“至高权”是错误的，因为受伤的心情是无法通过统治权的确立来弥补的。我坚信，维斯拉只是因为我把它留下而感到失望和委屈，其实它也非常想我，毕竟它和我的感情是最深的，所以它宁愿原谅我的妻子。事实上，这是一种非常“人性化”的观点，但有许多证据可以证明。

我不认为维斯拉的行为应该受到惩罚或是呵斥，如果这件事发生在孩子身上，谁也不会因为小孩子在父母回家时闷闷不乐而责备他们。其实这也没什么，因为不管是孩子还是狗狗，都会在这种情况下感受到这样一种矛盾的心情：一方面很高兴，另一方面又因为曾被遗弃在家而感到生气。维斯拉把这种情感表达得淋漓尽致，它一动不动地站在那儿，发出威胁性的咕噜声，露出狰狞的表情，这些都表明了它在生气，但是它的怒火唯独没烧到尾巴上，因为它还在不停地摇尾巴，流露出了与生气截然相反的情绪，那就是高兴。由此我看到了跟它沟通的可能性，我跟它说了很多话之后，它的心结终于解开了。大概 10 分钟之后，这场闹剧终于结束了，因为发泄怒气大概也就需要这么久。

对于维斯拉来说，主人离家是个大问题，虽然我们不在的时候，家里有它喜欢的人陪着它，比如柯丽娜。但我妻子和我还是接受并尊重它的这种行为，也没打算改变它，因为这就是它性格的一部分。

维斯拉前传　维斯拉还很小的时候，玛丽安娜和金姆买了它，把它养大，他们俩是丹麦人。虽然他们非常爱维斯拉，但是不得不把它送人，因为他们的全部时间都在照顾自己身心有障碍的儿子。本来他们指望着养维斯拉能对他们儿子的病情有所助益，但事与愿违。维斯拉来我们家两年后，玛丽安娜和金姆来弗莱堡拜访我们，维斯拉会高兴地迎接他们还是会攻击呢？当他们距离大约 30 米时，维斯拉看到他们，一下子便呆住了，站在那儿。金姆用丹麦语叫了它的名字，维斯拉小心翼翼地前进了几米，但是突然像被蜘蛛蛰了一样掉头就跑回了我的车上。它认出了玛丽安娜和金姆，但是不想再和这两个人有什么瓜葛。我牵着它，把它带回玛丽安娜和金姆身边，它看向另一个方向，当金姆想抚摸它的背时，它压低身子躲了又躲。我以前从未见过维斯拉这样，通常它要是不喜欢谁，就会冲那人咕噜噜地叫，维斯拉一直都有着不符合我们对狗狗固有的模式化认知的个性。也许正是它早年间与玛丽安娜和金姆的分别引发了它在我久别回家之后的攻击性行为。分离之苦充分展示出了狗狗在这种情况下的忍受能力。维也纳大学的科特沙尔教授以及他的团队在野鹅身上确定了，当公鹅和母鹅被迫分开之后，公鹅血液里的压力荷尔蒙会增多。这样的话我就也可以想象我离开后维斯拉的小脑袋里的生物化学过程。

维斯拉和异性 维斯拉和罗比虽然互相尊重对方，但它们俩之间却没有爱情。它俩在一起的时候，都正值繁殖的最佳时期。虽然我不想要小狗崽，但也不想给它俩当中的任何一个做绝育手术。所以我暗自希望维斯拉不会接纳罗比。那么当公狗狗和母狗狗都处于发情期时，它们彼此会有好感或是厌恶感吗？维斯拉的行为明确地回答了这个问题。它不是那种没有选择或主见的、受本能驱动的机器人。它拒绝了罗比，坚决不让罗比骑到它身上。每当罗比尝试要骑到它身上时，它就会坚定地朝它咆哮，甚至去咬它。它在和罗比一起生活的那么多年中，一直都没接受罗比，但它对其他的雄性就是另外一副模样。维斯拉对异性的好感和厌恶不止局限于同类，对男人也是爱憎分明。它对我妻子的一个男性大学同学就充满敌意，如果他要进屋，维斯拉就会一直冲他叫上 5~10 分钟，最后我只能拉着它的项圈，严厉地命令它“停！”，它才能搞清楚：我们是欢迎这个男人的。然后我会平静地跟它解释“这个男人是我们的朋友”，尝试得到它的信任，并用另一只手拍拍那个朋友的肩膀，如果它理解了我的意思，那我一整晚就不用再担心它会袭击他了。很明显，维斯拉不喜欢我们的这个朋友，可问题是，为什么呢？这个朋友一点儿也不喜欢动物，他就是对它们不感兴趣。也许维斯拉察觉到了。而我们其他的朋友则会受到它热情的摇尾欢迎。

您知道吗？

在您和狗狗的游戏中，让狗狗赢得比赛并不会影响您在这段关系中的主导地位。科学家们让狗狗和它们的主人拔河，不管主人赢得多还是狗狗赢得多，都不会改变两者之间的地位关系。

科学初探

毫无疑问，我的狗狗都有不同的个性，它们独一无二、无法替代。格斯林在狗狗实验中的发现也适用于我的狗狗：它们并没有所谓的“认真尽责”的个性。如果认真研究关于不同动物个性的报道和出版物（就像格斯林所做的那样），我们就会发现，为了公平起见，人类身上适用的“五类人格”模式在动物身上应该增加两个性质，即主导性和活跃性。在狗狗的群体中，主导性对于狗狗的一生以及对它个性发展的作用要比主导关系在人类社会中的作用大得多。

研究者肯特·斯瓦特博格和比约恩·福克曼曾对15329只不同品种的狗狗进行了不同测试。其中在一项有关狗狗对陌生人反应的测试中，他们首先将这些小家伙的所有行为都记录了下来，比如一只狗狗跑开了，或是收起了尾巴，或者大叫，脖子后的毛都竖了起来，再或者它开始给自己挠痒痒。其次将这些记录下来的行为进行归类，比如准确地说，一只狗狗大叫、竖毛或者龇牙，这些都被归类为攻击行为。实验结果表明，狗狗的典型性格特征包括贪玩、好奇心、勇敢、追捕、社交和攻击。

由于格斯林和斯瓦特博格在对动物性格研究的过程中使用了不同的方法，所以他们的实验结果也不尽相同。格斯林使用了心理学上的方法，也就是针对狗狗的问卷调查。在它们与其他同类、物品或人类交流时，主人和犬科专家要对狗狗进行观察，并且回答一系列针对狗狗的行为提出的问题；而斯瓦特博格却使用了行为生物学的研究方法，也就是对狗狗进行实验，并记录分析它们的行为。值得庆幸的是，在狗狗个性研究的前沿领域中确实发现了一些有用的结果。因为就我个人与狗狗的关系来说，只有了解了眼前的狗狗是什么性格，我才能抓住解

您知道吗？

对狼和狗狗的DNA检测说明，它们之间几乎没有区别，它们99.6%的基因是一样的。但正是那0.4%造就了它们之间巨大的差异。首先就是外形，比如犬类中的“小个子”吉娃娃，以及“巨人”雪山搜救犬。

决问题的本质。

例如，如果有人想把一只胆小的狗狗变成护卫犬，毫无疑问，这是在“瞎子点灯——白费蜡”。虽然上文中的两种测试方法都提供了可信的、有价值的个性维度，但我认为重要的前提是，意识到这些测试只能反映狗狗大致的、显而易见的个性特征。比如，用这些方法对维斯拉进行测试的话，那么很可能只能得到浮于表象的信息，而它内心深处的心思并不能被发现。因此，想要深入了解一个人，可能需要倾注一生的时间，对动物，尤其是狗狗，亦是如此。只有建立在尊重和爱的基础之上的长期共处，才能让我们有机会去发现彼此的个性。

总之，我们可以确定的是，研究者们发现狗狗也是有性格特征和人格的。这些特征的归类是纯数据式的静态资料，它们并不能说明狗狗的性格是什么时候、如何产生的，更不用说这种机制的神经生物化学反应的过程了。

知识点

关于个性的专业名词的简易讲解

· 强迫症
一种精神疾病，病人会无法抑制地持续产生特定的想法、冲动或行为，比如病人会因为害怕病菌而不停地洗手。强迫性想法、强迫性冲动和强迫性行为是不同的概念。

· 外向
来源于拉丁文“extra”,意为“外部”和“转向”。用来形容人的性格特征时，指的是在社会群体中喜欢交流或交际的人。

· 内向
来源于拉丁文“intro”,意为“内部”和“转向”。内向的人比较重视自己的内心生活。

· 至高权
传统的人犬关系中，人占有至高统治权。从狗狗的角度来看，它占有自身社会阶级中的最高地位，它是领导者，并且决定接下来应该做什么。动物界中，只有那些在同类中拥有极高的威望，或者比其他群体成员拥有更多关于外部环境的经验和知识的动物才能成为领导者。

测试：个性测试

您的狗狗是什么样子的？勇敢还是胆小？天性开放还是谨慎小心？它们更喜欢游戏还是复杂的任务？请您回答下面的问题来进行测试。

1. 您的狗狗贪玩吗？

玩具游戏——物品投掷

您给您的狗狗扔个玩具，比如一根棍子，一个球或者一根绳子，大概扔几米远：

A ○ 狗狗等不及您扔玩具了，您一松手，它就立即追着玩具跑出去了；

B ○ 狗狗追在玩具后面跑；

C ○ 即使是个陌生人扔的玩具，它也会追着跑；

D ○ 狗狗不去追玩具。

对抗游戏——争抢一只玩偶，一根绳子或者一块布

拿一只玩偶，一根绳子或者一块布在您的狗狗眼前晃动：

A ○ 狗狗马上咬住，开始撕咬，并尝试将物品据为己有；

B ○ 狗狗犹豫之后才咬住物品；

C ○ 狗狗对那样物品完全没有兴趣。

追逐游戏——同类之间互相追逐

请您和另一位狗狗主人把两只拴着绳子的狗狗带到一起，观察一下它们会做什么，看看您的狗狗是不是像1号那样？

A ○ 1号狗狗要求2号狗狗一起玩耍，然后跑开，2号狗狗理解了1号的意思并跟上，在玩耍过程中，两只狗狗经常互换追逐或被追逐的角色；

B ○ 两只狗狗在互相追逐两到三个回合之后就结束游戏了，其中一只或者两只都失去了兴趣，周围的其他事物吸引了它或它们的注意；

C ○ 2号并不理会1号的游戏邀请。

人来当狗狗的玩伴

A ○ 狗狗会用嘴叼着玩具来到您面前，要求您跟它一起玩耍；

B ○ 当您做出狗狗之间的游戏邀请动作时，比如用手接触地面，并去挑逗狗狗时，它会按照您的意愿行事；

C ○ 当您藏在树后或是灌木丛后，您的狗狗会来找您，很多年纪较小的狗狗都喜欢捉迷藏的游戏，在成长期内，它们靠这种游戏方式来习得一种知识：即使它们在一个地方看不见某个物体，那个东西也可能会在那儿；

D ○ 狗狗完全没有和您玩耍的意图。

2. 您的狗狗是否胆小？

您的狗狗是否会害怕光的刺激，比如风中摆动的布或者是散步时遇到的陌生物体？

A ○ 狗狗逃开那些陌生物体；

B ○ 狗狗缓慢地完全背过身去，最后离开；

C ○ 狗狗只是把头别过去，但最终还是走向那个不明物体。

狗狗是否害怕强烈的噪音，比如书从桌上掉下来砸到地面的声音，大声关门或关窗的声音？

A ○ 您的狗狗非常害怕那些声音，并会跑到您身边寻求保护；

B ○ 虽然它被吓了一跳，但它依然站在或躺在原地；

C ○ 完全不受影响

狗狗是否害怕旁边跑过的人，或是突然冲出来的人？

A ○ 躲避并后退；

B ○ 它耷拉着耳朵，把尾巴也夹起来，做出臣服的样子；

C ○ 冲那人狂吠；

D ○ 列着架势去咬那个人，或者甚至会追着他咬。

当它看到其他没有拴着绳子的同类时，是否会害怕？

A ○ 只要看到其他狗狗，就立马跑开；

B ○ 它站在那儿，做出臣服的样子，朝侧边低下头，并夹起尾巴；

C ○ 它朝另一只狗狗发出威胁性的呜咽，抬着头，毛都竖起来，直直地看着它。

3. 您的狗狗好奇心比较强还是比较胆小?

请您牵着您的狗狗到一个陌生的、尽可能空旷的房间里，比如车库。在这之前，请您在房间中央放上一个物品，比如箱子或桶，重要的是您的狗狗从来没有见过这个东西。请您把房间的门关上，只剩您和您的狗狗在里面，这时解开它的绳子。

A ○ 它几乎没有迟疑就径直跑到那个物体旁边；

B ○ 它一边冲不明物体狂吠，一边小心地接近它；

C ○ 它接近物体时，尾巴稍微夹起；

D ○ 它停在原地，并且一直冲不明物体大叫；

E ○ 它待在原地，耳朵耷拉，尾巴稍微夹起；

F ○ 它尝试用嘴去咬那个东西，或者想操控它。

4. 您的狗狗比较勇敢还是比较胆小?

您的狗狗遇见了一个穿着雨衣、脸被帽子遮住了的人。

A ○ 它夹起尾巴，躲避那个人；

B ○ 它没有反应，继续走自己的路；

C ○ 它冲那个人大叫；

D ○ 它冲那个人狂吠，呜咽地威胁，毛和尾巴竖了起来。

一个人站在狗狗的面前，狗狗被拴着，在观察那个人，突然那个人打开了一把雨伞。

A ○ 狗狗躲开，尝试逃跑，几乎无法平静下来；

B ○ 它先躲开，然后停下站住或是坐下，看着那个人和那把伞，立马平静了下来；

C ○ 它躲开，然后接近那把伞，并去闻它；

D ○ 它对着那把伞狂吠。

5. 您的狗狗比较开朗吗?

您的狗狗对陌生人的态度比较开朗并信任吗?

A ○ 陌生人抚摸它时，它很友好，并寻求与之的联系；

B ○ 它走到陌生人旁边，闻一闻，最后却走开了；

C ○ 它与陌生人保持一定的距离，并且对他没有兴趣。

它在一群狗狗的面前是怎么表现的?

A ○ 它尝试与其他成员直接建立联系，比如以眼神交流或是其他的交流方式，邀请它们一起玩耍；

B ○ 大部分情况下它会忽视其他狗狗；

C ○ 当其他狗狗靠得过近，它很快就会反应激烈；

D ○ 它会挑起战争。

6. 您的狗狗有坚强的个性吗？能很快解决问题吗？

请在地面上水平放置一段长约80厘米、直径约10厘米的塑料管，管子一头封起来，另一头开放，用绳子绑住一根维也纳香肠，放到管子内部封闭的一端，绳子的另一头伸出管子约30厘米长。您的狗狗需要做的就是咬着绳子把香肠拉出来。

A ○ 它站在那儿或是坐在那儿，无动于衷，对这项任务毫无兴趣；

B ○ 它去拉了几次绳子，但是没有拉出来，最后放弃；

C ○ 它尝试了几分钟，也试了几次，最终完成任务，在此过程中请您记录一下它完成任务的总时长；

D ○ 它直接把嘴伸进塑料管去咬，卡在它看见香肠的地方，最终放弃得到香肠。

评估：

1. 您的狗狗贪玩吗？

玩具游戏： A和C 它喜欢玩具游戏；B 它不是那么喜欢玩具游戏；D 完全不感兴趣

对抗游戏： A 对抗游戏就是它的天地；B 它只有在无聊的时候才玩对抗游戏；C 完全没兴趣

追逐游戏： A 它特别喜欢追逐游戏；B 不是那么喜欢此类游戏；C 完全没兴趣

人来当狗狗的玩伴： ABC 它喜欢跟人做游戏

总结： 如果您的狗狗主要符合A项，那么它基本上喜欢所有的游戏，是个非常贪玩的小家伙。如果它特别喜欢某种游戏类型，那么它总是符合那一类的A选项。

2. 您的狗狗是否胆小？

光学刺激： A 非常害怕视觉刺激 B 有限度的害怕 C 勇敢

噪音： A 很害怕 B不是那么害怕 C 完全不害怕

人： A 害怕 B 害怕 C 勇敢 D 试图掩饰自己的恐惧

陌生同类： A 害怕 B 不那么害怕 C 勇敢

总结： 当狗狗的表现总是符合A或B项，那么它就是天生比较胆小，如果是C或D项，则比较勇敢。

3. 您的狗狗好奇心比较强还是比较胆小？

A 好奇心强 B 没什么好奇心 C 胆小 D 缺乏安全感 E 胆小 F 好奇心强

4. 您的狗狗比较勇敢还是比较胆小？

外貌： A 胆小 B 冷漠 C没安全感 D 勇敢

雨伞： A 胆小 B 冷漠 C 勇敢 D 勇敢

5. 您的狗狗比较开放吗？

对人： A 容易接受新事物 B开放 C 内敛

对陌生同类： A 开放 B 它无所谓 C 内敛 D 好斗

6. 您的狗狗有坚强的个性吗？能很快解决问题吗？

A 没有

B 意志力较为薄弱

C 它坚韧不拔，并能解决问题

D 意志力较为薄弱，不能解决任务

个性来源于何处?

一只狗狗的个性是从哪儿来的? 如何产生的? 随着年龄的渐长，个性会有什么变化呢? 这些都是有趣的问题，其中的答案将会给您提供一个崭新的视角来看待你们之间的共同生活，同时告诉您应该如何正确对待它们。

维斯拉和年龄

维斯拉活到 11 岁半的时候已经是雪山搜救犬里的老寿星了。根据米查尔的数据，小型犬的平均寿命在 11 年，中型犬为 10 年，大型犬只有 7 年。大明斯特兰犬和小型猎獾犬是其中的特例，前者平均寿命为 14 年，后者也可达到 13~14 年。我们还不知道为什么这两种狗狗可以活那么久。维斯拉嘴边灰色的毛发以及它的行为暴露了它的年龄。它会在半夜叫，呜咽，或者到处走。这是它想出去到外面院子里的信号。它原来会非常激动地去追踪一些痕迹，但现在它就只会追上几步远，便停下了，好像迷失了方向一样环顾四周。我们叫它，它基本也没有什么反应。它睡觉的时间增加了 4 倍，几乎整天都在睡觉。然而我依然可以确定它对生活保持着热情。我们每天都会拥抱亲吻，显然它很喜欢我这么做。现在它年纪大了之后比原来更不听话了。维斯拉表现出了几乎所有高龄狗狗都会有的状态以及行为变化。高龄狗狗的脑袋里在想些什么呢？它们也会患痴呆或是阿尔茨海默症吗？

个性存在于大脑

狗狗的年龄与它们的个性之间有什么关系呢？可以确定的是，不管是人类还是狗狗，年龄大了之后大脑也会发生变化，这种变化导致了行为上的改变，比如学习能力下降，这与神经元的老化和衰落有关。当大脑功能的改变或是衰退过于严重时，比如像患了阿尔茨海默症或是老年痴呆那样，一个人的个性有可能会渐进地发生彻底的改变。这种改变也是个性存在于大脑的有力证据，并且证明了个性是随着大脑的发展而养成的。

年轻的大脑可以被塑造

从现在开始的一年时间里，小巴鲁会成为我们日常生活的重心。在我们追踪研究它的个性发展之前，先观察了它的大脑。它的小脑袋里没有长任何菌膜（见第 44 页）或是其他的沉积物。它的大脑还是一个“毛坯房”，内部是个大型建筑工地。我们可以借助现代科技来追踪它每分钟的生物化学机制，包括神经元之间如何联系，如何建立新的信息单元。从本质上来说，狗狗的大脑和人脑是可以类比的，虽然前者更小更轻。体重在 7~59 公斤之间的狗狗，大脑的重量只有 68~135 克，也就是说，体重 65 公斤的巴鲁，它的大脑大约只有 150 克，这真的很轻。我们用一组数据来比较一下，更能说明问题，如果用百分比来反映狗狗的大脑重量与其体重之间的比例，那么根据体型的不同，这个比例在 0.2%~1% 之间，而人的大脑约占身体重量的 2%~2.3%。

大脑的结构

狗狗的大脑结构跟人的一样，属于典型的哺乳动物的脑结构，包括六个部分：

▸ 狗狗感知外部世界的方式依赖于它对外界的印象以及它如何在大脑中处理这些印象。

- 延髓
- 脑桥（见知识点，第 41 页）
- 小脑
- 中脑
- 间脑
- 端脑或大脑

对于年幼的哺乳动物和大脑较小的动物而言，这六个部分像被串起来的珍珠那样排列成一条线。大脑较大的动物，如鲸鱼、大象和狗狗，它们大脑的单个部分是以一种较为复杂的方式互相嵌在一起，其中一些部位——通常是端脑或大脑——长得很大，几乎盖住了其他部分。

面积最大的其实是大脑皮层。人的大脑皮层完全展开的话，面积为

2200 平方厘米，有 150 亿个神经元，厚约 2~5 厘米。它像一个折叠多层的布盖住了大脑的其他部分。无数的神经元由脑突触连接在一起（这些脑突触被称为神经键），它们负责神经元之间的信息传递。由于每个神经元都与上千个其他神经元相连接，于是就构成了一个巨大的信息计算中心。通过神经元的活动，我们的大脑中可以浮现颜色、气味和情绪。神经元就是我们思考和感觉的基础。

意识存在于大脑皮层

大脑皮层也是一个巨型计算中心，大脑其他部分的所有信息都会汇集到这里并被处理，有必要的话还会被重新计算，动物和人类大脑中的意识世界就是这样形成的。这种大脑活动造就了带有个人特点的感情、学习能力和智力的生物。只有大脑中的建筑结构是唯一能够解释我们是如何感受外部世界的，对狗狗来说也是一样。

小贴士

狗狗的大脑是渴望学习和思考的，所以请您给您的爱犬提供尽可能丰富多样的感官刺激，另外，多带它出去跟其他小狗玩耍。

我们的意识世界有时也会犯错，最好的例子就是视觉上的错觉。我们的理智虽然能看穿那个错觉，但是眼睛却会一而再、再而三地掉到陷阱里。这并没有什么，相反地，错觉有时还会帮助我们和我们的狗狗，只要我们时刻提醒自己意识到自己的局限性，批判自己对现实的主观判断，而不是随大流，在对待狗狗的每一个问题时，都找出一个“神圣”的处理准则一刀切。请靠近它们，了解它们的个性……

科学的任务 斯特拉斯堡大学的格尔策教授在 1893 年通过实验已经说明了端脑（大脑）的重要性。我在下文中将具体描述一下这个恐怖的实验，请不要害怕，我绝对不是支持这样的实验，它们给普通人留下了“科学家为了满足自己的求知欲，会跨过很多尸体”的假象。这个实验只在 100 多年前进行过一次，实验结果被记录下来，我认为这些结果对本书的主题非常有益。

格尔策教授通过手术摘除了三只狗狗的端脑，第一只狗狗

▸ 运动保持健康，小家伙们都特别喜欢在草地上冲刺，直到筋疲力尽。

活了 51 天，第二只 92 天，第三只在 18 个月后被执行了安乐死。最后一只狗狗既不是因为手术的后遗症也不是因为某种疾病死掉的，科学家对它手术后的行为进行了详细的记录：

▸ 敏感性：这只狗狗仍能感知声音，它可以听，对触觉和温度刺激都有反应，没有失明，但是它的感知在多大程度上受到了限制仍不明确；

▸ 行动：它在手术三天之后已经可以在室内自行活动，不会跌倒，最让人吃惊的是，它在失去端脑之后仍能自己进食、饮水，但只有将肉放到它面前时，它才会吃肉；

▸ 机能缺失现象：这只没有了端脑的狗狗丧失了一切我们认为能显

示智力、理解力、记忆力和思考能力的表达方式。它没有任何喜怒的表达，对人类和同类都不关心。

意识和无意识

那只被格尔策教授移除了端脑的狗狗生活在无意识的世界里，那是一个我们很难进入的世界，我们无从体验。那么，无意识的世界到底是什么样子的呢？

那个恐怖的实验为我们打开了那个隐蔽世界的一条小小的门缝。知名的神经生物学家格恩哈特·罗特想引导我们进入这个神秘的世界，他说："只要新事物不太复杂，我们都可以在无意识的状态下感受它。"对于没有端脑的狗狗也可以重新学习自己进食饮水，他解释道："此外，我们的感知系统会预先整理内容，只要把复杂的事练得非常娴熟，那么我们也能在无意识的状态下做这些事。我们甚至能够在无意识的状态下学习新事物，只要我们一遍又一遍地接触它们，过后我们并不知道自己是如何学会的，以及学会了什么。我们会受一些从潜意识浮现出来的感觉、愿望和动机的驱使，而且通常不知道为什么会有这些想法。在出生之前和刚一出生时，对我们产生重要影响的事物都被隐藏起来了，我们对其已经没有了意识。我们可以看到，无意识所包含的内容范围要比意识包含的内容广泛得多，并且它对我们的行为和日常生活中非常重要的事物所起的决定性作用更强。"

如果无意识那么广泛地决定了我们的行为，那么意识还有哪些任务呢？这里我也想引用格恩哈特·罗特的话："从大脑研究的角度来看，意识是一种非常独特的信息处理方式。当大脑遇到新的重要数据、大量的不同数据组以及诸多的细节，而这些信息的意义和它们之间的联系需要被检测时，它就会被启动。"

对脑部研究者和神经心理学家来说，大脑皮层毫无疑问地创造了我们的意识，让我们能够有逻辑地思考问题，找到事物之间的联系。他们也不怀疑大脑的所有部分都参与了个性的塑造。但是具体说来，到底

是大脑中的哪一部分掌管外向型的个性，哪一部分又负责内向、腼腆、害羞的性格呢？（见第 15、27 页）

个性的四层式结构

为了明确特定的个性特征在大脑中的位置而对大脑各部位进行明确的区分是不可能的，因为大脑所有的部位是协同合作的。正因如此，格恩哈特·罗特在他的书《个性、决断与行为》中描述了个性的四层式结构。

我更喜欢这个模式，一是因为它跟其他人的理论不同，以非常巧妙的方式把大脑解剖学、神经生理学和行为学结合了起来，二是我认为这个理论模式能应用到动物身上。这个模式按照进化阶段将大脑分为四层：

第一层：这是最老的一层，一部分存在于脑干之中。在进化史上，它也是我们思维器官中最老的一部分。这个最底层的部分会与上面的三层进行信息交换。这一层的活动负责最基本的生命进程，比如血液循环、体温、营养和液体摄入、清醒和睡眠。也有一些感情上的行为方式，如攻击和防御、支配和交配、逃跑和注视、攻击、发怒等等，也是在这一层上被控制的。这些都是众所周知的让狗狗主人伤脑筋的问题，并且也是一些研讨的课题。

第二层：这一层主要是杏仁核和边缘系统。在大脑中，杏仁核是一个非常复杂的细胞综合体，它对于感觉，尤其是负面的或者非常强烈的情感的产生起到了非常重要的作用，比如恐惧就是生命中的一个负面伙伴，不管是对人还是动物，它束缚住了积极的情感、决断力和思维能力。在恐惧的时候，我们的身体内——对狗狗也是一样——会发生一系列的活动过程，荷尔蒙在血液中急剧攀升，以此便暴露了人的情绪。

当狗狗感到恐惧时，它们的情绪都暴露在身体上，一目了然：塌下去的身体，弯曲的背部，低垂的头，缓慢的行动，夹起来

您知道吗？

对狼、草原狼和狗狗的生物化学研究显示：狗狗的大脑中的细胞与狼和草原狼的大脑细胞有着不同的活跃基因。这也是为什么狗狗和狼在行为方式上如此不同。狗狗毕竟不是狼，所以在对狗狗的教育中，将狗狗和狼之间进行过度类比是错误的。

的尾巴，同时避免眼神交流。一旦它们被恐惧俘获，将很难排解这种情绪。

正面的情绪比如乐趣、高兴和兴趣则是受大脑的第二层所支配，即中脑边缘系统，其有三个重要任务：

- 这儿是激励系统的所在，它会在人和动物受到正面激励时，产生类似鸦片制剂的物质；
- 这一区域也管理着我们的经历或积极行动的结果，这些构成了第三种功能的基础，即激活奖励机制；
- 为了能效仿、重复之前得到过“积极结果”的事情，奖励机制会被激活，这一过程会通过神经元制造的“信使”——多巴胺的分配完成的。

总之，我们可以说，大脑的这两层构成了个性和自我的基础。格恩哈特·罗特对此说道：“这两个层次在我们终生都是自私、以自我为中心的发源地，从它们出发，我们总会提一个问题：这件事对我有什么好处？它们是我们个性中孩子气的部分。”许多爱狗狗的朋友认为，狗狗天生就是以自我为中心的，它们永远无法跨越幼儿阶段。但以我与狗狗接触的体会和经验都不赞成这种说法，并且我的看法是有大脑解剖学和心理学依据的。因为个性的发展不止于这两个层级，狗狗的心智并不会停滞在幼儿阶段，它们对许多事情都有意识，也能得出简单的符合逻辑的结论，这点我们将在后文中论述。

小贴士

年龄小于6个月的狗狗非常贪玩，而且也不能专注于某项任务，考虑到这种情况，还是放手让它和小伙伴们开心地玩耍吧，您也可以带它去一些有挑战性的地方散步，以便开发它的新感官。

我们越是往更高的个性等级深入研究，会发现那里所掌控的行为模式就越复杂。

第三层：是指大脑皮层的边缘系统，负责社会化学习、社会行为、控制注意力、期待奖励和评估风险。按照格恩哈特·罗特的说法，这是人类受教育影响最大的部分，“在这一层次上，我们学习适应自然和社会环境”。这些能力狗狗也能学会的。我并不担心把这个模式应用到狗狗身上，因为我跟马克斯－普朗克协会的心理学家，米克·托马塞洛教授的观点一致，他认为："人和其他动物在本质上并没有什么区别——这点人们基本都同意——即使有，也只是在程度上有部分明显的区别，比如思考、行动计划、协作能力或者是语言。"我对这种说法没有什么要补充的，因为它完全符合我的想法。

第四层：个性中最高的这一层在多大程度上能应用到狗狗身上，尚待研究，因为这一层主管认知、交流——这是人类的特长。认知指的是人们了解并掌握一种情况所需要的思维能力，比如解决问题、跟踪目标、做出决定、抱有希望、形成概念等等。上述这些能力我们能在狗狗身上发现一些端倪，但是语言能力它们是没有的，人类的语言是这个星球上的生物之间交流的巅峰形式。在人类的大脑中已经发现有一个区域专门负责简单的词汇意义和句型结构，人们把这一区域按照它的发现者的名字命名为韦尼克区。有趣的是，所有的哺乳动物在左侧颞叶中都有一个类似于人类的韦尼克区，负责同物种之间的交流。所以有些哺乳动物，例如类人猿能和人类或其他动物以一种类似儿童语言的形式交流。狗狗

知识点

关于大脑的专业名词的简易讲解

· 杏仁核
因形状而得名，对于情绪的产生必不可少，如果切除杏仁核，人和动物都将感觉不到害怕。

· 大脑边缘系统
参与调解情感和本能行为，如进食、防御和性行为。

· 海马体
主要负责长期记忆。

· 神经元
神经细胞对刺激性的传导有着独特的作用，几乎所有的多细胞动物都有神经元。

· 脑桥
来自于拉丁语中的"桥"，是大脑的一小段，与小脑共属于后脑。脑桥在中脑和后脑之间一个非常清晰的突出区域，与后脑和中脑一起构成了脑干。

实践

指令测试——您了解您的宠物吗？

准备工作：

两个凳子或椅子，两个杯子，一小块蜂蜜饼，一只网球或乒乓球。两个并置的凳子上各倒置一个杯子，让您的狗狗站在或坐在大约一米远的地方，观察您在做什么。

把奖励藏起来：

请您当着狗狗的面把蜂蜜饼扣在其中一个杯子下，在倒扣着奖励的杯子上放上一个网球。这一过程必须让狗狗看见。

难道没有第四层人格吗？我认为绝不可能，因为狗狗是动物界中的交流大师。它们不只能够与同类交流，也是解码人类发给它们的信息的专家。莱比锡马克斯－普朗克协会的研究人员发现：在某些交流领域，它们甚至能打败人类的近亲——黑猩猩。这种能力在进化中出现的比较晚，因为对狗狗的祖先——狼的实验完全失败了。为什么狗狗是动物中的异类呢？狗狗从出生就

交换杯子的位置：

在交换杯子之前，请用一块布挡在凳子前面，确保狗狗看不到这一过程，请把网球放在有奖励的杯子上，然后移开挡布，让狗狗自己去找蜂蜜饼。如果它找对了那个杯子，请翻开杯子给它奖励。

并不简单的练习：

如果您的狗狗没有找到奖励，那么请不要给它任何东西，反复进行此测试 2~3 次后，它也许就知道奖励总是在有球的杯子下。在我们的测试中，有些狗狗甚至需要 10 次才能理解这个标志的意思。这个练习并不简单，因为网球一方面本身就是个物体，另一方面是主人放在杯子上的标志。

准备好与人类建立联系并理解他们的手势和眼神。这种能力使得对狗狗的教育大大简化。这点我在后文中会详细解释。狗狗的大脑的结构和负责个性形成的不同区域对信息的处理方式跟人类非常相似，基于这一点，我认为狗狗没有个性的说法根本站不住脚。如前所述，引发它们恐惧和开心的大脑区域跟人类是一样的，连记忆的工作原则也跟人类的神经生物学原理一致。

注意

变化了的个性——狗狗突然不是原来的那个它了

许多狗狗主人在狗狗刚开始生病的时候完全不知情。直到有一天，小东西突然不再摇着尾巴欢迎小主人了，它找不到自己的窝，在房间里无目的地乱走，或者它突然不认得多年来跟主人一起散步的路了。

吉森大学的博士史黛芬妮·多米尼克·柯萨师在他的博士论文中得出了令人吃惊的结论，在狗狗的大脑中发现了与年龄相关的变化，如混乱的菌膜，这也符合老年人的检查结果。菌膜是存在于人类和许多动物大脑中的大型的蛋白质沉积物（β A4–蛋白和 β –淀粉样蛋白），类似于一团电缆线的物质磨损，它们主要在大脑皮层、杏仁核和海马体中。

菌膜的影响　大脑中的蛋白质沉积物给了研究者们很多谜团，它们也许阻断了单个神经元之间的联系，换句话说就是，信息交换被阻碍了。大脑中菌膜比较多的狗狗短期记忆比较差，在测试中的表现不如大脑中蛋白质沉淀较少的狗狗。科学界还在讨论这些菌膜对阿尔茨海默症也就是老年痴呆的病发起了多大的作用，但毫无疑问的是，这些沉淀物是这种病症研究拼图中的一块马赛克。上了年纪的人和狗狗之间的相似性令人吃惊，相似度甚至可以细化到分子程度。狗狗是为数不多的蛋白质化学成分（β A4–蛋白）与人类相同的动物之一，菌膜就是由这种蛋白构成的，但两者之间依然有一点不同之处：人随着年龄的增长，整个大脑包括神经元会衰退到某个程度，而年老狗狗与年少狗狗的大脑却没什么肉眼可见的区别。为什么人与狗狗之间会存在这个不同，我还无法解释，也许是因为与人相比，狗狗的寿命短得多。

病症

年老的狗狗得了所谓的认知失调官能症（CDS）跟人类的阿尔茨海默症有很多相似的症状。大脑的血流不畅会导致狗狗的行为失常，这种病的症状有不同的表现：

- 丧失方向：有些狗狗会忘了门在哪里，它们无助地站在角落里，有些站在墙面前，不知道往哪儿走了。

▸生物钟改变：年老的狗狗经常在夜里本能地从睡梦中惊醒，搞不清状况，开始狂吠，而白天它会比以前能睡得多。

▸不卫生：它憋不住大小便了，在室内管不住自己了。

▸恐惧：得病的狗狗在某些情况下会突然不认得自己的主人了，在自己以前完全熟悉的情况下也可能陷入恐惧。

▸攻击：一些狗狗因为比以前容易受到惊吓，所以也就更有攻击性。

▸固执：失调官能症会使狗狗没法像以前一样快速适应变化了的环境。

▸冷漠：有些狗狗不再喜欢玩耍，也不想再跟主人一起散步了。

此类病症只有在兽医进行全面的神经检查后才能确诊。与人类的情况一样，老年痴呆是无法治愈的，但是能通过药物来延缓其发展，具体事项请咨询兽医。

您能做什么?

请您对它多些关爱、耐心和理解，尽量少让它独处。有些狗狗会突然拒绝某些特定的人或者是很熟悉的同类，请您多包容它。如果狗狗看起来很迷惘、没有目的性，请您耐心地跟它交流。不要鼓励它玩得太疯，请尊重老伙计的睡眠时间。与它一起享受每天的毛发梳理和亲密时光。经常性的、短途的散步可以给日常生活带来一些新鲜感。少食多餐，将每天的狗粮分成 2~3 份。

▸这只年幼的小狗还有大把青春，它的大脑还没有受到菌膜——有害的蛋白质沉积物的侵袭。

▸上了年纪的狗狗跟上了年纪的人一样，也会受到大脑血液流动不畅的困扰。

基因与环境的影响

一些人认为遗传对个性的影响最大，另一些人则选择相信外部环境的显著作用。事实上，这两种力量是交替作用的。认识到这一点会彻底改变我们迄今为止对狗狗的看法。

谁对个性的作用更强？

基因与环境，究竟哪个对个性的形成作用更强？这是个热议话题，每个人都有自己的看法。科学界想要搞清楚这个问题也非常困难，因为如果将环境和基因孤立地看待，事情真的就太复杂了，所以科学家选择将重点放在对同卵双胞胎的研究上。同卵双胞胎相似度非常高，以至于人们通常很难辨别他们。这并不是巧合，而是因为他们有着相同的基因，简直是一个模子刻出来的。曾经有一个心理学家小组在世界各地搜寻同卵双胞胎，对他们进行研究，分析他们的生活经历。这个小组不怕任何困难，只想找到问题的答案，一开始人们觉得似乎就要找到问题的关键了。

同卵双胞胎有些独特之处，比如即使两个人相隔十万八千里，并且对另一个人的存在毫不知情，他们也会有同样的喜好。他们的身上存在着众多的相似之处，所以研究的天平倾向了基因这一方。人们推测，基因在个性发展过程中的作用要比环境大。但是严谨的科学家们对此持怀疑态度，并且很快就找到了这个理论中的脆弱之处，他们的理由之一是，有些双胞胎中的一个患有遗传性疾病时，另一个却没有。这又是什么原因呢？毕竟这两个人有着相同的基因。来自美国的同卵双胞胎萝莉·沙佩尔和蕾巴·沙佩尔的案例也加深了这一疑问。

这对姐妹的太阳穴长在了一起，所以被迫在相同的环境下成长，但是她们俩的个性却迥然不同，蕾巴虚荣心强，而萝莉却没什么上进心；蕾巴喜欢打扮自己，而萝莉的穿着却非常随便，甚至会买一些在教堂附近的集市上卖不掉的地摊货；蕾巴留长发，萝莉留短发；蕾巴爱讽刺挖苦人，萝莉却心地善良。

由此，天平又恢复到了原位，支持环境因素的一方也有了底气。

基因与环境的组合

这些研究都显示出，这个问题的提法似乎是错误的，人们也意识到分成两个阵营是不会有什么结果的，所以转而开始研究这两个对立因素是如何分工协作的。研究者们开始寻找在个性发展中起到重要作用的基因，或是环境和基因怎样合作并决定了个性的生物学基础。

来自明斯特大学的诺博尔特·萨克瑟尔教授正是这些研究者中的一员，他和他的团队想通过对动物的实验（他们使用的是老鼠）啃下这块硬骨头，他们研究的是“胆小”这种个性。

胆小还是勇敢？

“老鼠的胆小”是用一个高空迷宫来测量的，实验器材却非常简单，可谓匠心独运。在一个大约一米高的木桩上用螺丝拧上两个木条，使之交叉成十字形。其中一根木条装有保护壁，另一根没有，将老鼠放到这个高空迷宫的十字路口，它会走有保护壁的那一边。这个结果没什么值得惊讶的，因为老鼠天生就喜欢那些较为阴暗、有遮蔽物的通

▸ 波尔多斗牛犬的小宝宝们正在探索它们周围的环境。新鲜事物以及与同类的定期接触能够使它们的个性稳定发展。

道。当它们逐渐适应了这种状况后，其中一些就会勇敢地尝试通过没有保护壁的木条。当它们被注射了一种用于减少人类恐惧感的药物时，这种行为改变更加明显。我曾经因为拍摄纪录片《如果动物能够说话》而对此有深刻的体会，所以这个实验对我来说能够很好地证明恐惧是可以减少的。

现在已经证明这种药物能够使得老鼠更喜欢没有保护壁的木板，并对这样的通道进行细致的探索，那么萨克瑟尔和他的团队就想知道，经验和社会化能在多大程度上影响恐惧的产生。

对此，人们还需要在有相同基因的动物身上进行实验，老鼠是理想的实验对象，因为它们繁殖力惊人，所以我们很容易能得到天生具有相同恐惧基因的老鼠。

不同的环境

萨克瑟尔和他的团队将老鼠分成两组饲养，其中一组放在标准的实验笼中，另一组则在带有攀援架、管道和其他玩具的高级笼子中。当把两组老鼠分别放入高空迷宫中时，它们的反应迥异。在简陋的笼子中——没有接触外界的机会——饲养的老鼠几乎不会走上没有保护壁的木板，它们比较胆小；而在成长过程中见多了世面的老鼠明显更勇敢，更喜欢去探索开放式的木板，它们对于周围的环境也更加容易接纳。这是非常重要的科学结果，对于动物园、马戏团和家庭宠物的饲养方面也是如此。诺博尔特·萨克瑟尔在后续的其他哺乳动物的实验中得出结论：胆小是先天基因决定的个性，但是可以通过童年时期的社会化过程加以改变。这是一个具有高度现实意义的结果，如此看来，与其他同类较早的接触以及一个多元化的环境——对人类也是如此——能够给狗狗社会安全感，减少后天的胆小程度。基因和环境在“胆小”这种个性的形成中一定不能被孤立地看待，这两个因素的互动才造就了当下的整体性格！多种不同的基因和多样的环境因素影响了“胆小”这种个性的最终形成。

哪些基因负责恐惧？

人们是如何知道哪些基因与恐惧这种情绪相关的呢？科学家们采用了类似儿童对待自己机械玩具的办法：为了找出某种特定基因的作用就先破坏它，然后确定哪些地方不能正常运转了。具体到上述问题，就是指哪些基因的破坏会导致动物胆小的个性发生改变。在专业领域，我们将出于这种目的而被破坏掉某种基因的小鼠称为“基因敲除小鼠”。

敲除血清素传导物质的小鼠家族 与恐惧行为相关的实验

小鼠有很多不同的分支，其中最有趣也最重要的是被敲除了血清素传导物质的小鼠家族。它们缺少了能将血清素——一种大脑中重要的信息传递物质——回传到脑细胞中的基因，这就造成细胞之间的血清素持续过剩。机体必须构造一个没有这种基因的大脑，这造就了一个面对恐惧，行为发生了改变的动物，比如之前说过的高层迷宫中，被敲除了血清素传导物质的小鼠明显要比正常的小鼠胆小得多，这有力地证明了这种基因与胆小的个性相关。

这个结果对于人类的个性也有很强的借鉴意义。每个人的大脑中血清素的含量不同，有些人有类似血清素传导物质的基因变体，但是它们只能生成较少的传导物质，这样的人脑细胞之间也充满了过剩的血清素。与此相对的是，另外一些人有能生成较多传导物质的基因变体。科学家们发现，传导物质产出量较小的人更容易恐惧错乱。

这个结果也适用于狗狗，很显然如果狗狗带着相应的先天基因，那么人们将很难彻底改变它们胆小的天性。但是，幸福的童年和一个非常有爱心的主人是可以帮它减少胆小的程度的。在此，我要讲一个关于贝拉的小故事，它是我从我父亲那里接手的，我至少改变了它某些方面胆小的个性。

▸ 幸福的童年和一个非常有爱心的主人是可以帮它减少胆小的程度的。

多层次的环境能造就坚强的个性——狗狗生命中的小花样

家里的院子是不能代替狗狗每天引出散步的，因为它很快就会熟悉院子里的一草一木、一砖一瓦，但是每天去同样的地方散步也不能带给它什么新鲜感。狗狗需要一些小花样以及宽松的环境来发展和稳定自己的个性。那么一个探险之旅怎么样呢？

经历和学习新鲜的事物能够拓宽视野，这点狗狗与人类没有什么不同。除了精神上的新鲜刺激，狗狗还需要适量的运动。运动能增强心脏、血液循环，锻炼肌肉和大脑，所以请将它的身体锻炼与散步结合在一起，这样对它的身心健康都有好处。看看您的爱犬是不是在锻炼之后平衡能力更棒了，是不是对新事物没有以前那么敏感了？还有一项好处不容忽视，那就是这些训练能提升狗狗对人的信任度，并且不可思议地增进了你们之间的情感联系。

森林技能

这是一项深受狗狗喜爱的运动，您不必为您的狗狗报名参加什么协会，只需要一小片树林或者至少是一片充满惊喜的区域。

树干上的平衡运动

最合适的运动场地是一棵横倒下去的树，树干要尽可能地宽，并带有树皮，以防打滑。对不同的狗狗有不同的运动方式。您可以“以身示范”，先跳到树干上，然后鼓励您的狗狗模仿您那样做。如果它不愿意，那请您拿一小块蜂蜜饼来鼓励它，当它跳上去之后就奖励给它。反复跳几次之后，狗狗就不会再害怕了。当它完成跳到树干上后，请您和它一起走完树干的部分，完成平衡训练。如果您本身就不适合跳上树干了，那请您按照以下方式进行：请在树干上将狗粮分散成一条直线，请您带着狗狗走到树干的一头，指给它看第一块吃的。如果狗狗跳上树干，请您指给它看剩下的那些食物。您可以用两个口令来指示它跳上跳下，比如“上”和“下”。

跳过树干

在这个项目中，您同样可以起带头作用。请和您的狗狗一起玩，您可以先跳过一个横倒的树干或是很窄的小溪，然后用口令或是食物鼓励您的狗狗模仿您。当您的狗狗完成了动作，请不要吝啬您的褒奖。如果您本身就不是运动型的，那么有一个较为简单的方法：找一根大约一两米长的细树枝，把它架在两个树桩之间，或者横在低矮的灌木丛上。您手拿一块吃的，用鼓励的声音让狗狗跳过树枝。有些狗狗甚至会在您把吃的扔过树枝的时候就紧跟着跳过去。要求狗狗跃过障碍时您可以配合着口令，比如“跳”。

从树枝下匍匐前进

在这项运动中，重要的是树枝要被牢牢固定住，不会在狗狗穿过时一碰就掉。

最简单的让狗狗通过的办法：当狗狗离障碍物很近的时候，让它趴下，然后您手持一块食物放到狗狗的鼻子前面，用食物慢慢地把它引到障碍物的另一边。跟其他任务完成后一样，如果它做得非常棒，不要忘记奖励它。

绕行树桩

请从绕树桩开始练习，当然绕一棵树、一个长椅或是一个木头垛也可以。您的手里还是要拿一块食物，并用鼓励的口令吸引狗狗——将食物放到它的鼻子前面，用口令“绕”来命令它开始绕树桩或是长椅。如果它完成了绕行，请鼓励它“做得真棒”或者类似的其他赞美。这项练习的目的在于能让您的狗狗以后根据您的手势来完成绕行任务，并获得奖励。

嗅觉练习

请从家里拿一只狗狗最爱的玩具出来，当着狗狗的面把玩具藏起来，比如藏在树叶堆的下面，然后让它去找。您也可以将玩具放在跟它一起探险的散步途中，以维持它的紧张和兴奋。

▸ 看它玩得多开心，这种跃过树桩的自由跳跃能给它带来显而易见的乐趣。

▸ 不要掉下去啊！树桩上的平衡运动锻炼了它全身的协调性。完成练习之后奖励一口好吃的，完美！

▸ 母亲的照顾是不可替代的，这能让小狗平静下来，让它没有任何压力。

贝拉的恐惧 贝拉很小的时候就被送给我父亲喂养了，这不是个好主意，因为我父亲本身就是个控制欲很强的人，他对小狗崽没什么耐心。最终在贝拉 11 个月大的时候，我把它接过来养了，但是，它对我父亲的恐惧已经深入脑海。只要我带着它去我父亲那儿，它就会流鼻血。

我花了很长时间才搞明白它流鼻血和我父亲之间的关联，因为医生很明确地告诉我它的鼻腔非常健康，没有任何问题。贝拉一辈子都很胆小，流鼻血是它恐惧的极端表现，它害怕很多东西，甚至当很小的同类跑向它的时候，它也会跑开。它的性格特征之一就是胆小。但幸运的是，它的生命中不只有恐惧，因为我们俩关系很好，所以它也享受了乐趣、开心，这是因为我给予了它非常多的理解和同情。

母爱缺失时

基因和环境的相互作用在母体里就已经产生了，并且会伴随着小家伙的一生。这种作用对于母爱和孩子来说有哪些影响呢？加拿大的科学家迈克尔·玫艾尼及他的团队用老鼠给我们做了一个清晰的展示。

如果鼠宝宝经常被妈妈舔舐和清洁的话，这些宝宝对以后的生活就更有信心，在它们的有生之年，比那些被遗弃的宝宝们更能应对充满压力的状况。母爱的缺失使动物变得胆小、易受惊吓。但是研究者们也推测，这样的缺陷使得老鼠更能应对没有保护的环境，虽然它们比较胆小，但是警惕性很高。与那些没有母亲的鼠宝宝相比，研究者在被母亲照顾的老鼠大脑的特定区域（下丘脑）发现了能化合出更多雌激素的细胞。雌激素反过来也会促进哺育行为，这些宝宝比那些较少得到关爱的小动物能更好地养育自己的孩子。这是一个很难打破的循环。

迈克尔·玫艾尼及他的团队由此提出了一个问题：缺乏母爱是否会对人类也产生类似的影响？他的研究结果得出，备受关爱长大的孩子在以后的生活中更能应对高压环境。

好的母亲无可替代　母亲哺育下一代是哺乳动物世界中一条普遍的生物准则。如果我们能知道狗宝宝在失去母爱的前提下是否也会出现像鼠宝宝一样的效应，那将非常有趣。我猜测或者说是预测，被舔舐和关心得太少的狗宝宝以后应对压力的能力不如那些备受关爱的小狗崽。

这些软软的小家伙们在很小的时候很可能就确定了将来会发展出怎样的性格来应对压力。也就是说，在现实生活中，主人们要选择那些能担当“好妈妈”的大狗狗来照顾下一代，因为不能承受压力的狗狗妈妈将会给人狗双方都带来许多麻烦，到底有多麻烦，相信动物收容所可以给您一个最直观的答案，经常有动物被小主人送回收容所，因为他们实在搞不定这些家伙。

表观遗传学——一个重要的研究分支

人们要如何解释母亲哺育的重要性呢？在过去的几十年中，科学家们发现没有任何一种基因可以孤立地起作用。很长一段时间内，人们认为DNA中基本组成单位的顺序是遗传信息的唯一载体，但其实DNA的表面也保留有这类信息，并能一代一代地传下去而不会改变其中的基因密码。这项研究现在还在起步阶段，被称为“表观遗传学”。“表观”希腊语Epi，意为“在……之上”或“在……表面”，指的就是位于DNA表面的遗传信息。表观遗传学家们要解释生活经历是如何在生命体的遗传特征中留下蛛丝马迹的，以及哪些因素导致了个体虽然拥有相同的遗传信息却有不同的个性。他们专注于解决基因是如何在机体中被控制的。

基因是这样被控制的 机体中的DNA中存储有所有的遗传信息。请想象一下录像机的使用说明书，根据您想要了解的功能（比如如何调整灯光）找到说明书中相应的位置。在表观遗传学看来，我们的身体里的蛋白就是这样工作的。蛋白质被称为“写手”、“橡皮擦”或是“解读者”，“写手”将化学标记写在DNA上，“橡皮擦”可以清除这些标记，“解读者”在化学性质发生了改变的位置，开启或者关闭这个基因，以达成化学标记的转化。如上所述，外部环境通过对蛋白质的调遣，在我们的身体中留下了痕迹，并跟我们的DNA建立了联系。拿我们说过的“老鼠实验”解释就是，鼠妈妈的舔舐使得鼠宝宝身体里的某种蛋白质分子到达了DNA中的相应部位，开启了抵抗压力的开关。

现在的问题是，为什么表观遗传在狗狗个性的训练中那么重要，为什么人们对此了解那么少呢？身体特征例如下垂的耳朵、大体格和骨骼构造以及许多其他特征都是由特定的基因组合所决定的，并且会传给下一代。在乐观的情况下，人们可以

您知道吗？

狗狗刚生下来几周内的行为方式对它今后的一生都非常重要。它在这一阶段学会或者学不会的事情决定了它以后的生活质量，进而决定了它们和我们相处的和谐程度。其实这种印随行为是可以在它年幼时期得到纠正的，亡羊补牢为时未晚。但如果它们成长的环境充满了压力、枯燥无趣的话，那很多狗狗以后就会有行为障碍。

▸ 这只罗得西亚背脊犬惬意地趴在沙发上，看似陷入了沉思。

创造出一个动物家族的分支，以此找出某种身体特征是如何传承下去的。与身体特征不同的是，科学家们要找出个性特征是如何遗传的就难得多，其原因是多方面的，有几条非常明显。首先，对狗狗不可能进行像对小鼠或大鼠那样标准化的实验；其次，对狗狗进行基因控制要比对小鼠进行控制难很多倍。据我所知，至今还没有任何人能关闭狗狗的某种基因并测试其对狗狗的行为模式产生的影响。但对小鼠的这项实验已经成功了，科学家们剔除了小鼠控制母性行为的单个基因（fosB 基因），创造出了一个“基因敲除小鼠”。这样的小鼠妈妈会把孩子晾在一边，不会像有此种基因的鼠妈妈一样会把孩子揽到肚皮下面。

小贴士

狗狗在游戏中已经显示出不同的天赋了。有些狗狗身体特别灵活，另一些则喜欢用鼻子和其他感官来探索世界。您应该因材施教，比如不是每只狗狗都能用后腿站立的，但对于那些身体灵活的家伙们这简直就是小儿科。或许您的狗狗能勇敢地解决需要动脑筋的任务。

虽然对动物个性基因的基础研究还只是个未知领域，但是这个领域的大门已经打开了。在赛维森的马克斯 – 普朗克协会的研究人员发现，带有特定基因变体的白脸山雀明显地比其他同类更有好奇心，会花更多时间来探索周围的环境。人们把这种基因变体称为 DRD_4，它能对大脑中的多巴胺这种信息传递物质的作用方式产生影响。如果此基因段比较长，会让相应的信息接收者的神经细胞对多巴胺的反应较小，并渴望新鲜事物。同样的基因变体在人类身上也有，与白脸山雀一样，此类人比其他人更富有好奇心。那狗狗呢？日本研究者已经发现，它们也有 DRD_4 这种基因变体。

狗狗不是被本能控制的机器

能够将基因或基因变体与特定的行为模式甚至是个性特征对应起来，这对人类来说是值得高兴的，但是这种兴奋并没能持续多久。国际研究者在马克斯 – 普朗克协会的科学家巴尔特 · 凯姆伯纳斯的领导下研究了欧洲的四个白脸山雀族群，可是只在一个族群中确认了遗传和行为之间的关系。根据凯姆伯纳斯的看法，就算机体构造很简单的生物，只从基因上来解释个体区别也很困难。即使在果蝇身上，遗传也并非是解释行为的单一决定因素，它们喜欢吃哪种水果，主要是由早期的印随行为所决定的。

也许您会问我为什么要这么详细地阐释遗传和环境的双重作用，这是因为表观遗传是建造个性大楼的工具箱，它决定了“我是谁”以及“我将会成为谁”,对狗狗来说也是如此。在人和狗狗的日常生活中，人们低估了个性对于双方和谐相处的地位。在狗狗生活的其他领域，基因也有着重要作用。人们通常会根据狗狗的身体构造无意识地或是想当然地判断出一个品种的行为方式，比如猎犬就是天生的猎手，雪山救人犬就是好心肠的大狗狗，牧羊犬是听话勇敢的保卫者，军犬会咬人，等等。某些饲养者的脑袋中总是有这样的概念：狗狗是由本能控制的、会学习的机器人。所以他们也就是这样对待自己的狗狗，他们完全不知道表观遗传和神经生物学是何物。一句话来说，表观遗传和神经生物学是个性的塑造者。

知识点

有关基因研究的专业名词的简易讲解

· 下丘脑
位于间脑的下端，是生命中重要的身体功能的协调中心，比如睡眠和清醒、呼吸、性行为和攻击行为。下丘脑也能产生荷尔蒙。

· 雌激素
一种雌性荷尔蒙，不只存在于雌性体内，在雄性机体中也少量存在。

· 脱氧核糖核酸（DNA）
是一种储存有生命体全部遗传信息的大分子。

· 蛋白质
由氨基酸构成的分子，是生命的基本组成单位，有很多关键作用，它还是构成身体细胞、酵素以及荷尔蒙的基础物质。

· 多巴胺
是一种负责快乐情感的信息传递物质。这种荷尔蒙在神经之间传递信号，以此控制情绪和神经反馈。

情感的力量

快乐、恐惧、痛苦、绝望、厌恶或者失望，都是强烈的情感，它们帮助我们应对并评价这个世界。但是这些情感到底是从哪里以及怎样产生，它们对狗狗来说又意味着什么呢？

情感非常重要

几百年来，人们关于动物有没有感情的持续争论，现在终于有了定论：动物当然是有感情的。神经生物学上铁证如山，大脑解剖学也显示动物的大脑与人类有相似之处，人类身上的情感所在——大脑边缘系统，与动物相比并无二致。另外，在生物进化史上，“大脑边缘系统”是非常古老的区域，甚至比负责逻辑思维的大脑皮层还要古老得多，动物的大脑边缘系统也发展得非常完备。这一系统扮演着类似关卡的角色，所有感官的感知都要在这里得到“情感表达”。特定的情感可以被划归到特定的大脑区域以及对应于此的神经细胞的活动上。在很多实验中，神经传感物质都被认为是可以传递情感的，例如血清素。著名的神经生物学家格恩哈特·罗特对此说道：“血清素量少会导致人和其他哺乳动物产生攻击性，包括对自身的攻击行为，甚至是自杀。最近有发现称，在小鼠和人类体内某种会改变血清素交换的基因缺陷将导致其攻击性大大增加。如果增加大脑中血清素的含量将会起到镇定、平衡的作用；相反地，如果血清素减少会产生受威胁感、不安全感，恐惧感也会增加。”

为什么会有情感？

在自然界中，情感并不是什么奢侈品，但它们肩负着重要的任务。如果一只在复杂野外环境中的动物不能感受到害怕，不能预估风险，不能感受到疼痛，那么它如何能保证自己不做出错误的行为呢？情感通过促进或者阻碍特定的行为方式，有意或无意地传达我们的内心世界，帮助我们做出决定。情感为我们的行为给出意见和建议，并对我们和他人的关系做出评价。当某人对着我们笑，那我们自然就知道这个人喜欢自己。在动物当中也是如此，动物依靠其他同类的行为来辨认它们的意图。一只狗狗不需要多久就能了解同类露出的獠牙是什么意思，这让狗狗可以很快评估当下的情况。通过情感，我们能辨认情形，管理、刺激或是评估行为。我们会根据电影场景配乐的不同来判断这个场景，比如原本无关紧要的场景，像是一扇门的开启，根据不同的音乐可以让场景变得令人紧张或是无聊。情感一直陪伴着我们，时而强烈，时而松弛。

小贴士

情感波动对狗狗来说并不是什么陌生事物，它们跟我们一样，也有心情好、坏的时候。对此您需要多加留意。如果狗狗心情不太好的话，请你做些让它高兴的事儿吧。

一天之中，我们都会经历不同的情感过程，大家都喜欢一些让人感到舒适的情感，比如开心，而不喜欢恐惧、痛苦或是憎恨。谁没有过在多种情感的漩涡中挣扎的经历呢？几乎没人。但如果情感真的停止了，又会发生什么呢？每次想到这儿我都会觉得脊背发凉。假如我没有任何感情的话，那我就什么都感觉不到了。一个没有情感的世界是难以想象的，但确实有些人几乎是没有感情的。神经学家兼医生安托尼奥·达马西奥在他的著作《笛卡尔的错乱》中描述了这样一个案例：一位美国的会计师得了脑瘤必须进行手术，术后他的记忆力和智力都

▸ 狗狗如何表达“舒服至极”呢？很明显的行为是在草地上打滚儿，并四仰八叉地伸着蹄子躺着。

依然很好，但是在许多方面他都跟以前不一样了，他突然变得不可靠了，脾气也变幻莫测。他激怒自己的朋友，婚姻接连两次都以失败而告终，最终他不得不终止自己的事业。到底发生了什么呢？在对大脑前部进行手术的过程中，他大脑的左右额叶都受到了损伤。这位不幸的患者被损伤的正是负责将感知与情感联系在一起的大脑结构——前额皮质，它是大脑皮质中额叶的一部分，负责根据情感做出相应的判断。当这一部分脑组织因损伤不能正常工作时，患者就会做出不理智的决定，并且几乎不带有任何情感。他缺少做决定所需的评判能力。达马西奥总结这个病例时说：“这位患者很难做出决定，即使做出了决定，也经常出岔子。”这种情感缺失也影响到了他的认知、学习过程。

我们的记忆力如果能得到情感的支持就会好得多，即使是抽象的数学内容，当我们把它和高兴的情绪结合在一起时，就更加容易理解。在一个轻松的环境中，我们更容易学习，对动物来说也是一样。令人吃惊的是，在现实的教育以及对狗狗的教育中，这么简单的事实通常被忽略了。如果有人去测试他的宠物的精神能力，就会知道，测试的结果与动物的情绪状态密切相关。长期的负面情绪会使人和动物的生活都受到很大影响，两者都可能会出现行为障碍。没有情感的话，我们就会迷失在这个世界中。我们的个性深受自身情绪的影响。所以达马西奥为他的著作起名时借用了法国哲学家、数学家以及自然科学家勒内·笛卡尔的名字，笛卡尔在这一点上的著名言论是“我思故我在”。我对此没什么要补充的，除了一点，那就是：这句话对动物也同样适用。很多科学家认为，来自不同文化的全体人类生来就拥有相同的基础情感——害怕、恐惧、开心、快乐、厌恶、蔑视、痛苦、好奇、希望和失望等。一些研究者列举得更多，另一些则列举得较少。我们当下的情感生活是积极和消极情绪的无限混合。

▸ 多开心啊！狗狗跑到了它的女主人怀里，享受她充满爱意的抚摸。

高兴——一种积极的情感

艾玛从它的女主人克里斯塔那儿溜走了，流落到了动物救助中心。两天后克里斯塔打来电话要接走艾玛。当天克里斯塔喜形于色，高兴地合不拢嘴。无须多言，每个人都知道她此刻的心情，她终于找回了自己的狗狗，深感欣慰。我们立即到了动物之家。艾玛和其他两只狗狗关在一个笼子里。当它看见克里斯塔，立即跑到笼子边上，跳起来，叫着，呜咽着，去舔克里斯塔的手，在笼子里来回跑，等不及开门了。终于她们俩拥抱在了一起，艾玛围着克里斯塔转圈，发出呜咽声，跳起来去舔她。克里斯塔拥抱着艾玛，抚摸它。在场的所有人都能理解这种情绪，毋庸置疑，她俩该是多么高兴啊！而另外两条狗狗的反应呢？它们也叫着，不停地摇尾巴，想从笼子里出去，但是它们的反应很明显没有那么强烈，并且也不是针对克里斯塔的。

我们亲眼所见的事情在科学中——至少在对狗狗的兴奋研究中——几乎不足为道。研究通常把重点放在负面情绪上，比如恐惧、害怕和生气。单单据我所知，只有著名的科学家马克·贝考夫对狗狗的高兴和开心进行过研究。这是非常罕见的。所以我的疑问是，我们脑海中对狗狗的印象究竟是怎么样的？当我查阅了无数关于狗狗的书，却没找到关于它们开心和高兴的解释时，我觉得特别沮丧。这种现象背后隐藏着什么呢？许多主人虽然想让自己的宠物开心，但总是以人类的视角看问题，比如一个新的漂亮的餐盆可能会让主人感到开心，但是狗狗却不会。可能它们仅仅因为能够陪主人外出散步就很开心了。

很多科学家认为高兴是一种与恐惧和伤心相同的基础情感。这种情感有着生物学上的意义，它们能够帮助机体对内心世界与外部世界进行校准。它们会告诉动物，哪里是舒适的。如果让动物选择，它们也会选择去到让自己开心的地方，而不是害怕的地方。当机体感到非常开心时，大脑中的神经细胞就会分泌出更多的多巴胺。多巴胺是一种脑内分泌物，属于神经递质，主要负责大脑的情欲、感觉，传递兴奋及开心的信息，也与上瘾有关。动物情绪研究领域的领头人之一雅克·潘克塞普确信动物能够感受到高兴。为了论证这一观点，他和他的团队进行了很多神经生物学的实验，其中最主要的一项实验是将两只大鼠每天放到同一个笼子里1小时，笼子当中有着很多游戏设备。它们玩耍得很高兴。当这两只大鼠被摄入一种阻止在神经细胞中分泌多巴胺的药物后，它们的快乐就消失了。

积极的情绪有助于健康　我认为动物跟人一样，积极的情绪对免疫系统有着正面的作用。好的心情能够增强免疫力，防止疾病的发生。为什么我们不能更多地让自己的宠物高兴一下呢？人们能想到的办法都不难，用食物，或者用很多精神上的激励也是可以的。对狗狗和猫的精神能力方面的研究已经进行了很多年。不论实验设计或者成果如何，所有的动物都是高兴地进入实验室的，在进入实验区的时候，它们就已经开始拽着绳子，或叫或跑，迫不及待地要去解决给出的思考任务了。考哈，一只安特雷布赫尔山地犬，是我们这儿表现最好的，它在距离实验区几百米远的车上就会直起身子，好奇地四处张望，绕着牵引绳转，汪汪汪地叫。它知道我们要去哪儿，并且迫不及待想到达目的地。我不知道为什么狗狗那么喜欢脑力任务，这个问题大家只能猜测，有一种可能是狗狗本身就很喜欢动脑筋解决问题。

您知道吗？

狗狗摇尾巴可以表达不同的情绪。意大利的研究者们发现，狗狗之间会通过尾巴向左或是向右的不同摆动来辨认情绪状况，向右摆动意味着积极的情绪，比如放松，而向左摆动则意味着消极的情绪，比如害怕。您可以用这个办法来猜测一下您的狗狗的心情。

这种想法并没有什么新鲜的，精神病学教授曼弗里德·史比策尔针对人类的情况表达了与此相似的观点，他认为，人的大脑就是为了思考问题、解决问题的，什么都不思考会损害大脑中的物质交换，就像俗语说的那样“脑袋不用要生锈”。既然如此，狗狗的大脑怎么会不一样呢？毕竟大脑中的“硬件”，即神经元以及神经元之间的衔接方式都与人类的相同。

▸ 对狗来说，与同类和人类之间的关系都非常重要，不然它们的社交能力就会退化。

为了避免误解，我要说明一点，当然人的大脑与动物大脑中的单个神经细胞的衔接方式是不一样，我说的“相同”仅仅指的是单个神经元之间的衔接方式，也就是“软件”。顺带提一下，我们不只确定了狗狗有快乐情绪，宠物猫、狮子、老虎和猎豹都有。

游戏和乐趣

游戏是对未来的投资。在游戏中可以学到并练习以后生活中要用到的行为方式。游戏总是在轻松的氛围中进行。狗狗在此过程中可以学会一些社会规则。当然，游戏也有风险，比如在游戏中容易受伤或者被敌人发现。那么动物们为什么还要做游戏呢？

终极层面和近似层面 行为生物学提出了一个问题，动物为什么需要游戏？这个问题一方面是，为什么在进化的过程中游戏这种行为会出现？这是行为学家们所谓的终极层面；另一方面是，动物的体内是如何运作的，以至于需要游戏？这是研究者们所谓的近似层面。

我们先简单地看一下近似层面。如果问一个小孩儿，他为什么要做游戏，他不用想就会说：因为好玩啊！他说得对，因为游戏受到个体内部驱动因素也就是乐趣的驱使，或者再简单点儿说，没有乐趣就没有游戏。

游戏的乐趣 游戏和乐趣并行却并不等值。我们不玩游戏也可以找到乐趣，但却不能在玩游戏时没有乐趣。除了动物的外在行为，人们还会观察它们身体内部的化学反应，将两者相比较。因此在某种程度上，这也开启了第二观察层。

对大鼠大脑的生物化学研究显示：游戏会带来乐趣。美国心理学家雅克·庞克赛普发现，当大鼠大脑中的鸦片剂量较高时，既能促进大鼠游戏当中的乐趣，也能提高大鼠做游戏的欲望；当人们降低大鼠大脑中的鸦片含量时，其玩游戏的乐趣和欲望都降低了。如果大鼠和人类的生物化学机制相符，那这也将适用于狗狗。因为我们都看到了狗狗玩游戏时的乐趣。

如果从生物进化论的角度，解释为什么狗狗爱玩游戏，那么可以确定的是高兴和开心的情绪可以使个体的独立性和固有活力得到发展，这两种情绪不再以生物适应性为目的。这种在我们自己身上自然而然释放的情绪在动物的行为塑造中发挥了比我们想象中更大的作用。

狗狗玩游戏时所感受到的乐趣和欲望肯定不是从天而降的，而在很大程度上是进化的产物。瑞士的灵长动物研究专家汉斯·库莫的说法很清楚也很贴切：“从进化的角度来说，行动的欲望在于遗传，因为行动会带来好处。”

测试：关系纽带有多紧密？

关系的纽带取决于多种因素。一些狗狗会比另一些狗狗更喜欢与人建立私人关系，这与它的基因、个性发展和教育有关，通过一项测试我们可以窥见一斑。我将维也纳大学生物学家丽萨·霍恩所使用的测试进行了简化，作为下面测试题第五题的基础。

	A	B	C
1. 在半小时的散步中，您的狗狗（A）根本不看您；（B）很少看您；（C）经常看您。	●	●	●
2. 如果狗狗必须和一个陌生人继续散步的话，它会如何反应？（A）很高兴就去了；（B）那个人必须牵着它才能走；（C）拒绝一起散步。	●	●	●
3. 如果狗狗必须和另一个它喜欢的人继续散步的话，它会如何反应？（A）很高兴就去了，根本不看您；（B）要劝它一会儿，然后它才会一起走，并且不回头看您；（C）拒绝一起散步。	●	●	●
4. 您的爱犬在路上遇见了它的同类朋友，它的朋友的主人跟您走的不是一个方向，如果可以选择的话，您的爱犬会如何抉择？（A）尽管您想让它跟自己走，然而它还是选择跟着另一只狗狗；（B）按照您的意思跟您走了；（C）您不需要任何表示，它就会跟着您。	●	●	●
5. 将狗狗放到一个陌生的空间里让它去解决问题，比如“够到食物”的测试，在开始计时前，您会怎么做？（A）和狗狗单独待在一起，观察它，不给它任何命令或是帮助，只是站在测试间；（B）像一个陌生人一样；（C）让它自己解决问题，并用手机或相机拍下来。	●	●	●

第1~4题答案：

A占多数：狗狗最关心的还是自己，随心所欲。你们俩之间的纽带并不紧密，您还需要努力！

B占多数：毫无疑问，你们俩之间已经有了羁绊，只是您的狗狗太容易分散注意力了。

C占多数：恭喜您！在您的狗狗心里，您是第一位的。

第5题答案：

主人在场的情况下，狗狗是最放松的。所以你们的关系越好，狗狗就能越快地解决问题。

恐惧——情感的阴暗面

在到达了我梦寐以求的地方之后，我拥抱我的妻子，我的心脏因为开心有力而快速地跳动着。我们站在一个露营地中，看着射向浓密的乌干达基巴莱森林的灯光。我们明天即将启程去寻找人类的近亲黑猩猩。著名的黑猩猩研究专家克里斯多夫·别什和简·高达尔曾跟我在一次私人谈话中，提及一些关于我们这种长着毛发的表亲的精彩故事。我现在终于有机会与它们面对面了。怀着这种激动的心情，我和妻子爬进了帐篷，此时热带雨林的大雨正倾泻到我们的帐篷顶上。大约晚上九点雨停了。我出来想看看我们的司机和露营团队在干什么，但是人都没了，连车也消失了。

一开始我也没多想，又返回帐篷去睡觉了。但是我根本睡不着，屏息凝神地听着外面是否有人进入营地，但什么动静都没有。这时我的脑子根本停不下来了，一个个可怕的念头跟过电影一样在脑中闪现，比如瓦勒特夫妇被拐到菲律宾。我来过非洲无数次，还从没经历过司机和露营团队在夜里绝尘而去这样的事情。这对我来说实在是不寻常的全新体验。

小贴士

请不要伤害狗狗的感情。当您没带它一起出门，从外面回到家里时，它肯定早就期待您回家了。请用温柔的话语和抚摸来回应它的开心迎接。

此时现实和想象开始交织。现实是我们毫无保护措施地躺在茂密漆黑的原始丛林中的帐篷里，与一切文明和人类隔绝了。在我的想象中，我们已然成了整个队伍的牺牲品，满脑子全是些恐怖的故事。当我的想象占了上风后，我发现自己多么无助，身体中充满了恐惧，它沿着我的脊柱、腿，直到脚趾。我感到冷汗顺着皮肤淌下来，心脏也在加速跳动，整个身体进入了警戒状态。

身体里发生了什么？ 在我还没意识到自己在害怕时，我的大脑就已经释放出醋胆素和去甲肾上腺素了。它们加快了我的呼吸、血液循环、肌肉系统和物质交换，对糖分和氧的需求则降低了。消化器官、皮肤和大脑的充血量变少，脸色煞白。

▸ 勇敢地一跳。这只小梗犬跳很高去咬树枝，从那个高度看世界都不一样了。

大脑中的特定区域，像杏仁核、海马体、大脑边缘系统的结构收到来自环境和身体的信号，将它们与记忆中类似情形的经验进行对比。这一系列身体的变化过程最终汇成了恐惧这种情感，反过来又加强了身体的应激反应——脑下垂体接收到下丘脑发出的信息，释放 ACTH（促肾上腺皮质激素）到血液中，刺激肾上腺产出压力荷尔蒙（肾上腺素、去甲肾上腺素、皮质醇）。此外，肝脏也会释放平时存储的糖——作为剧烈运动的燃料。一秒钟的恐惧可以对身体造成持续几天的影响——皮质醇必须要负责存储新的糖分。恐惧状态持续时间较长会减少性激素的分泌和性欲。

恐惧不是一种教育方式

为什么我要在一本关于狗狗的书中讲述我自己关于恐惧的经历呢？我的本意是想让您能更好地理解狗狗的恐惧，这个故事应当具有打开您眼界的启示作用。当狗狗感到恐惧的时候，它的体内发生着和我们恐惧时相同的物质交换过程。经历过恐惧的人，要更慎重地对待恐惧，不能把它当作一种教育手段。可惜，这种教育方式在狗狗的训练中却被过于频繁地使用。

恐惧的生物学作用是什么呢？它是一种具有普遍性的警示系统，是遇到危险时的逃跑信号，是进化中的发条。胆小是一种个性特征，那么问题就来了，基因对恐惧有什么影响，学习对恐惧又有什么作用？动物实验在不断地给我们提供答案。不谙世事的猕猴对蛇根本视而不见，但是年轻的猕猴只要看见一次成年猴被蛇吓到的样子它们自己也会开始害怕蛇。以这种方式习得的对蛇的恐惧是无法消除的。猴子甚至能通过观看录像习得这种行为。但如果通过技术手段将视频中的蛇换做是花朵，那么年轻猕猴是不会习得成年猴的恐惧反应的。所以先天基因并没有将花与危险联系在一起，但却必须有将蛇形的或是爬行的动物与危险联系起来的先验知识，这种先验知识通过学习被唤醒了。恐惧和害怕有什么区别呢？害怕一般是针对客观事物的，而恐惧则不然。这两者是否是不同的情绪，学界还在激烈的争论。著名的情绪研究专家雅克·庞克赛普将恐惧和害怕描述为两个在不同大脑区域产生的负面情绪。

▸ 罗比就是不能跨过报纸，报纸会引起它的恐惧。

胆小的罗比

寻回犬罗比在很小的时候就来到了这个家庭中，因为它特别可爱，所以被孩子们和女主人宠坏了，它从来不缺乏关爱。它的成长环境跟成千上万只宠物狗狗一样，唯独不同的可能就是它不懂得承担责任。即使如此，它还是学会了宠物狗狗会做的事情，只是有时学习比较困难，因为它非常固执。但这还不是严重的问题。

随着年龄的增长，罗比胆小的特性也在增长。作为一只成年雄性犬，它对比它小很多的同类都会感到害怕，在新鲜事物面前，它小心翼翼，简直是非常谨慎。

最好的例子就是每天在我们家上演的一幕场景：楼梯上放着报纸，罗比走到报纸面前就会停下等待。原本走过去是件很简单的事，像维斯拉和泰迪给它做的榜样那样。但罗比就是不行，即使用最好吃的零食也没法让它跨过报纸爬上或是爬下楼梯。好话都说尽了也没用。它在报纸面前就跟生了根一样。

罗比会寻求帮助　也许大家会认为罗比很愚蠢，但事实却不是这样，因为它自己能想出另外的对策——纠缠我们。当它进行不下去时，它就会一直叫。它花了很多年时间才学会用嘴把虚掩的门顶开。让它学习给我们捡回木棍或者手套是根本不可能的，虽然它有时候会骄傲地叼回一根木棍。我就是无法让它学会捡东西。但这还不是全部的麻烦。想让它乖乖走到特定的地点也是白费力气，比如我伸着胳膊用食指指向屋子里的某个它应该去的地方，它根本不会搭理我，我必须把它牵到那儿，并且命令它“坐下”，然后它才会乖乖就位。

这种情况在我养的其他狗狗身上从来没有出现过。值得注意的是，任何形式的课堂教学对罗比来说都几乎无效，即使是最具诱惑力的奖励也不能让它做出我想要的行为。

那罗比到底怎么了？难道对于新事物的恐惧已经吞噬掉了它所有的好奇心，难道它的智力不高，或者它天生不是学习的材料？当罗比下水之后，这一切都说不通了。

感情可以控制——您可以对狗狗的情绪施加影响

嫉妒、害怕和伤心是可以让一些人异于常态，对狗狗来说也是如此。如果能找到引起狗狗产生这些情绪的原因，就能帮助它克服。我来举四个狗狗日常生活中的具体例子。

嫉妒

家里如果新添了小宝宝，那狗狗的行为举止可能就比较怪异，它总是想被抚摸，真的让人不舒服。这种情况怎么办呢？

婴儿会无意识地吸引所有的注意力和关爱，这是对的，也很好。但是狗狗无法理解，它不认识这个小婴儿，小宝宝对它来说是陌生的，它必须适应这个家庭新成员和新情况。您如何能把这个适应过程变得简单一些呢？您可以当狗狗在场的情况下将婴儿抱在怀里给它看，不要忘记和它以及小宝宝说话，爱抚这两个小家伙，这对他们双方都有好处，狗狗会知道它自己并没有被遗忘，但是必须也得给宝宝和它一样的关爱。这个过程需要时间和耐心。如果您能做到即使有了孩子也能给狗狗以关爱，那么狗狗就会变成孩子的保护者和朋友。当然您不必像乔·阿斯匹奈尔那样，他让自己的孙子孙女和大猩猩们一起玩耍，我亲眼看到一个成年雌性大猩猩如何小心翼翼地把乔的小孙子抱在怀里东跑西跳。我问过乔和孩子的父母会不会担心，他们立即回答我："大猩猩是群居动物，它们会非常小心地对待自己的孩子，所以也知道人类的孩子是多需要它的帮助。"大象研究专家简恩·道格拉斯－汉密尔顿会跟他的孩子在野象身下来回走动，成年母象就会好奇地闻他的孩子。

这些例子说明，社会化能力强的动物是知道如何对待陌生婴幼儿的，只要它们有机会认识那些小孩儿。所以我的建议是，暂时忘记卫生问题，让您的狗狗把小宝宝从头到脚闻一遍。

不安全感／恐惧

不久前，我们的达尔马提亚犬洛基被一只比它小很多的狗狗咬伤了，从那之后它就特别害怕同类，如果我们散步时遇到了不认识的狗狗，它就站在那儿一动不动，夹着尾巴。我要怎么做才能让它不害怕呢？

通过多给它正面的经验来战胜恐惧。为此要让它多跟平和的同类接触，最好是能找到和它一起玩的狗狗，在此过程中，它会知道，很多同类都是爱好和平并喜欢社交的。不仅如此，它还会学习到如何更好地理解其他狗狗的表情和姿势含义，这样的经验知识能让它在与其他狗狗相处时更有安全感，并渐渐忘记恐惧。如果胆小是天生的个性特征，根据我的经验，虽然它不可能完全克服自己的恐惧，但至少可以减轻。

悲伤

马克西的女主人刚刚去世，我们就把它接了过来，但是马克西根本提不起精神，它无精打采地躺在自己的小窝里，几乎不吃东西，我们叫它，它会慢悠悠地走过来。我们该怎样才能帮助它从悲伤里走出来呢？事实上，如果人类陷入悲伤，我们想要帮助他都不容易，只能通过我们的陪伴和同情去安抚他，但是几乎很少能奏效，其实没人能帮助悲伤的人，他必须自己走出来。所以帮助动物摆脱悲伤更是难上加难，因为它们不会跟我们说话。我真心觉得如果有一只能和马克西处得来的小狗也许可以帮它忘记失去主人的痛苦。同类是狗狗心灵的一剂净化剂。它如果能在散步的时候遇见其他狗狗，并且和它们自在地玩一会儿，也许能慢慢忘记痛苦。

孤独

对人和狗狗来说，孤独都是一种难以忍受的状态，它会带来心理上的痛苦。人和狗狗都是社会性生物，通常有同类在的时候才会感觉舒服。有些狗狗的孤独感特别强烈，以至于开始自残，它们不停地咬或是舔自己的尾巴。所以永远不要让狗狗自己独处超过 5~6 小时。您要让它慢慢适应，慢慢地增加它独处的时间，它必须学会独处。有些狗狗会比较难适应。

▸ 这只狗狗对着根本不会对自己构成威胁的物体狂吠，只是因为它缺乏安全感而进行的自卫。

▸ 这只狗狗专注地看着主人，它在瞄准一个走过去能被抚摸的好时机。

活力的源泉

罗比非常喜欢水，水对它来说是有魔力的，它在水里感到无比的舒服和安全。在水中它可以开心地捡回玩具，甚至把小木棍从比它大的牧羊犬泰迪那儿抢回来。这说明罗比一点儿也不笨，只是在陆地上时，其他的情感比如恐惧占了上风。我不知道为什么会这样，只能猜测：罗比童年还是比较幸福的，问题不可能出在这上面，但它刚出生的几周时间里发生了什么，我们都不知道。我们非常爱它，也接纳包容它的缺点和个性。罗比是个活生生的例子，说明我们只能让狗狗做它们力所能及的事。终其一生，罗比也没能克服它的恐惧。

维斯拉战胜了恐惧

维斯拉的情况则完全不同，我之前已经提到过，它一岁半的时候才来到我们家，我惊讶于它对世界的认识之少，很多东西都会吓到它。我们最初一起进行的几次散步对它来说真的是惊险之旅。它不停地坐下来，惊讶地注视着交通指示牌、广告牌和很多对它来说全新的东西。我注意到，它接触的东西越多，就越小心，直到它走到一个在风中飘荡着的毛巾前面，再也不愿意往前走了，它坚信“攻击是最好的自卫方式”，于是它开始冲着那条毛巾汪汪直叫，但是它的身体姿势暴露了它的胆怯，它夹着微微收紧的尾巴，谨慎地低着头。现在我必须出手相助了，首先我让它打消对毛巾的恐惧，我牵着绳子，跟它轻声地说：“乖，不怕……”，然后我们一起走近毛巾，接近毛巾的时候它还是蹲下了，不愿再走。我轻柔地拽着绳子，用鼓励的口令让它跟我走，它也确实照做了。当走到毛巾前面的时候，我让它“坐下”，开始抚摸它，跟它说话。声音的使用非常重要，它能让狗狗安静下来，并能把我们的情绪状态传达给狗狗。我们在那里停了大约1~2分钟，我让它嗅嗅毛巾。之后我立即又和它把上述过程重复了两遍，让它熟悉整个过程，以此渐渐消除恐惧感。维斯拉在三次散步之后终于消除了对毛巾的恐惧。它现在能镇定自如地面对在风中飞舞的毛巾了。它了解了一条原则：风中的毛巾没有威胁。随着它学的东西越多，它能越好地处理新的体验了。但是这些都需要时间，它的头脑中在渐渐形成一个新的世界。现在很少有东西能吓到它了——除了雷雨天的雷声。过了几年之后，它的自信也在增长。它完全知道自己的强大。但这种现象在罗比身上完全没有出现，也许罗比恐惧的基因过于强大了。

自信的狗狗会给主人省很多事儿，主人能够充分预知它们的行为。它们不会因为恐惧而进行攻击，咬人的情况也更少。出于害怕，罗比一生中咬过四个人，虽然这四个人受伤都不严重，但这已经够了。自信的狗狗对同类和人的危险性都更小。但为什么维斯拉一开始就那么胆小呢？答案很简单：它对外部世界了解得太少了。

夜幕降临时……

维斯拉现在已经 10 岁或 11 岁了，是个“老妇人”了，没人知道它到底多大。它站起来都有些困难，当它没法儿站起来时，它就会叫，我会过去帮它，这已经是例行公事了。但是两个月之前出现了一些变化，它跟往常一样在深夜里叫我，但是声音却变了，不再是大声地汪汪，而是小声地呜呜，当我走进房间时，它动也不动。我无法确定它是在做梦还是因为疼得无法动弹，我只能束手无策地站在它身旁，抚摸它，但它对我

▸ 这只狗狗曾经被铝罐弄伤过，它收起爪子是为了防止受伤。动物跟我们一样也是有痛觉的。

的抚摸没有丝毫反应。维斯拉到底是不是在忍受疼痛，这个问题反复折磨着我。我去找专业的咨询服务，虽然很贵，但依然没有人知道答案。终于有个兽医灵光一现，建议我夜里不要关掉维斯拉卧室的灯，我立即照办。自从灯开着之后，维斯拉夜里再也不呜咽了，我又拥有了夜晚的宁静。那位兽医猜测，以维斯拉现在的身体状况，也许在夜里也感到害怕，这得到了印证，我的维斯拉是个敏感的小家伙啊！

疼痛

您知道吗？

狗狗能加强我们对情绪的感知能力。维也纳大学的科学家们发现，与狗狗相处能改善人对于其他人面部表情感知的能力。由此可以推测，狗狗能改善人类之间的非言语交流，尤其是儿童之间的。

在我 14 岁时的某一天，发生了一件让我终生难忘的事。我的松狮犬“卡恩”攻击了我的牧羊犬“王子”，它俩为什么会打架，我一头雾水，因为直到那天之前，它俩关系都挺好的。我条件反射地赶紧上前去阻止，王子龇着牙把卡恩摁到地面上，我用两只手抓住卡恩的脖颈，想把它从王子的钳制中解救出来。但它俩给我放了个冷枪，同时攻击了我，一只咬住我的胳膊，另一只咬了我的大腿，两处伤口都很深，但王子也被咬了一个深深的、血流如注的伤口。我们俩都不得不去看医生，然后我们都疼了很久。我们俩对疼痛的感知肯定不同，即使人类在相同的部位有相同的创伤，对疼痛的感知也不尽相同，可以说疼痛是非常个人化的、私人化的感知。在这一时刻，没人会觉得疼痛感是进化卓越的功绩。其实疼痛就是预警，它警示我们的身体有疾病或是受伤的危险。那么当我们受伤或是牙疼时，身体里发生了什么呢？

身体组织的受伤诱发了引起炎症以及疼痛的物质释放，比如缓激肽、前列腺素、血清素以及物质 P，这些物质有一部分是从相关的神经末梢和毛细血管中释放出来的，它们对身体内特定的疼痛传感器产生作用，将信息传递至脊髓，脊

▸ 疯狂地玩耍过后抱成一团。这两只小狗在互相追逐的游戏中已经充分地展露了它们牙齿的威力。

髓再将信息传递给其他神经元。当我们的手碰到很烫的炉子边时，就会条件反射性地把手缩回来。只需要一瞬间我们就能对此进行无意识的反应，这样很好，因为如果我们等意识到的时候，手就已经被烫伤了。在实验中，通过外科手术被切断了脊髓和大脑之间信号联系的动物们也能做出这样的反应。当疼痛引发的反应通过脑干和间脑到达大脑之后，才会发生复杂的反应，比如长期的疼痛、头痛、牙痛、幻肢痛以及对疼痛有意识的体验。

对于疼痛的研究大部分都基于动物实验，而我们人类总是难以承认一个事实：动物和我们一样也能感觉到疼痛。人类的想法多么不可理喻，从根本上不愿承认动物们的痛苦，这是不可信的，也缺少依据。对疼痛的感知是生物学上的普遍法则。没有这种感知的话，自然界中大部分的有机体都无法生存。这种提示个体受伤了的预警系统的发展是进化带来的无与伦比的天才技巧。但是人类和动物的很多感知疼痛的行为不是生来就有的，而是在幼年时期学会的。

如果早期学不会这种经验，那么以后也很难再学会。如果小狗崽在出生后的 8 个月之内没有受过伤，那么它以后也无法正确地应对疼痛，或者学得很慢且效果不好。它总是想去嗅没有任何防护的火苗，而且受伤之后也只会反射性地抽搐。神经科学家杜德尔、门策尔和施密特对猕猴也进行了相应的观察。一个复杂的疼痛预警系统是无处不在的。人们猜测，即使章鱼的感知系统中也有感知疼痛的部分。希腊的渔民在捕到墨鱼之后会把它们使劲往石头上摔，直到它们死亡，我想到这些就感到非常痛心和愤怒。我年轻的时候还会安慰自己——鱼是感觉不到疼痛的。现在想想真是错得离谱。

我们人类总是倾向于说动物没有疼痛的感觉，只有当动物对疼痛做出和我们类似的反应时，我们才会承认它们能感到疼。比如狗狗会蜷起爪子保护自己受伤的部位（见 77 页图片），猫咪会舔伤口，猪会疼得叫，而我们对鱼就毫无同情，因为即使它们在鱼钩上挣扎，也不会叫出声。

分辨狗狗是否疼痛

当老维斯拉拼尽全身力气和意志从躺着的姿势想站起来时，并没有任何明确的迹象显示它是否疼痛。它的后腿让它的生活变得异常艰难，它们总是向后伸着，以至于脚心朝天。有时候它根本无法控制身体的姿势，当它试图把后腿拖到身下，发现只是徒劳。

这时候我非常伤心，而它还需要我的帮助，我扶住维斯拉，让它的重心移至后腿上站立。我们像一个配合默契的团队，我把它拽到正确的位置上，而它也非常清楚什么时候必须把全身 65 公斤的重量移到前腿上，这样它就又能站起来走路了。我们已经熟练地使用这个技巧一年半了。只不过我夜里也得等候召唤，有时一晚上得去四次。

一天午夜前，我快睡着时，维斯拉像往常那样高声叫我，我跳下床，走到它的卧室。它正用平时睡觉的姿势侧躺着。我看它一动不动，以为它在做梦，抚摸了它之后，我又回到了自己的床上。

当我又快入睡时，维斯拉又叫了起来，我走过去，它还是一动不动地躺在那儿，并且没有任何要起来的示意。这时我就束手无策了，我根本无法理解它的意图，因为从它身上什么都看不出来。

就这样反复了四次之后，我随便拉了个垫子，在它身边的地板上睡下了。维斯拉用它巨大的前爪搂着我的脖子，然后我们终于安稳地度过了这夜剩下的时光。我不知道那天夜里它在想什么，我猜想它也许是害怕死亡或者它非常疼痛。到了第二天清晨，我们才离它的秘密近了一步。维斯拉的后腿彻底不能动了。

我用一块旧麻布裹住它的后半身，然后把它的后半身抬高，这跟我们俩以前的练习差不多。维斯拉立即开始用前爪走路了，我用布把

知识点

关于情感的专业名词的简易讲解

· 脑垂体
悬挂在大脑的下方，是非常重要的器官，能分泌不同的荷尔蒙，操控着一些腺体，如甲状腺、肾上腺或是卵巢。

· 毛细血管
动脉血管和静脉血管最小的分叉，连接着动脉和静脉器官。

· 神经末梢
指的是将神经与神经连在一起的不同的组织结构，也包括将神经与肌肉细胞联系起来的组织。此外神经末梢也广泛分布在皮肤之中，可以感受疼痛。

· 疼痛感受器
负责感受“伤害”的组织部分被称为伤害感受器或疼痛感受器。它们作为脊髓的敏感神经细胞的自由神经末梢广泛分布在身体的所有感受疼痛的组织中。

实践

自由玩耍——让您的狗狗幸福

我拿给你

在紧张的脑力测试之后来一个放松的游戏对狗狗很好。轻松的游戏同时能让狗狗感到幸福,因为游戏时大脑会释放“幸福荷尔蒙”——多巴胺。在选择游戏时，请参照您的狗狗的天赋和喜好。有些狗狗，比如这只边境牧羊犬，非常喜欢把小东西叼回给主人。

要一起跑吗?

狗狗和人对于能够锻炼灵活性的健身跑道都有兴趣。这只狗狗飞快地穿过游戏隧道，跑向下一个障碍，它的主人在一旁给予鼓励。这样的一个跑道您也可以在自己家的院子里做一个，将两个饮料箱子卷成大筒状，用扫帚柄做个障碍物，几个长长的圆木按顺序插在地上就构成了障碍滑雪的跑道，将一个木板架在圆木桩上就是跷跷板了。

它的后半身整个抬高陪着它走到我的车旁边。虽然有些困难，但我还是把它拽上了车，送到了兽医那里。医生直接在车里给它注射了止痛药和可的松。维斯拉在车里安稳地睡了四个小时后，没有我的帮助自己就站了起来。我松了口气，感到非常开心。维斯拉之前的表现让我明白，要辨认出动物是否

我喜欢凉凉的水

许多狗狗都是游泳爱好者，如果能从湖中再叼个玩具上来，那就完美了。在狗狗身体健康的情况下，也可以让它在冬天游一圈，但是您就要准备好毛巾把它擦干了，并让它多走走。

来，一起玩吧！

与同类一起游戏不仅能让身体健康，也可以锻炼狗狗的社交能力。请允许它尽可能多地和同类一起，因为我们人类即使和狗狗的关系再密切，也无法取代它的同类朋友。

疼痛是非常困难的。

情感的力量经常被我们低估，其实是它们主宰理智，而非理智主宰情感。所以情感是非常重要的咨询专家，并且指引我们在特定的场景下采取何种行动。狗狗也是有情感的，跟我们一样能感受到害怕、开心和痛苦。

学习——通往世界的大门

为了生存，人类和动物必须终身学习。那么生物到底是如何具备学习能力的，它们的大脑在学习的时候又是如何运转的呢？这一章将给出有趣且让人震惊的答案。

从出生就在学习

我们从生下来的第一次呼吸开始，直到死亡，一生都在学习，不学习就什么事也做不了，无法在周围环境构成的大丛林里找到方向。每天都有上千个外部刺激迎面扑来，我们必须从中分辨哪些信息是重要的，哪些不重要。刚出生的婴儿就已经学着找妈妈的乳房喝奶了，学着盯住自己感兴趣的东西，当视线之内的东西很无聊时就移开目光。新生儿出生后几天就认识妈妈了，他能听出妈妈的声音，能区分她和其他人奶味的不同，即使有个女人和自己的妈妈长得很像，他看母亲的时间也要久于看其他女性。动物的孩子们几乎也是这样，斑马宝宝在出生后的几个小时就能通过母亲身上独特的花纹在一群斑马中辨认出它。我曾经亲眼见证了一只小斑马的出生，它离开母亲的肚子，落到塞伦盖蒂国家公园坚硬的土地上没几分钟就开始尝试站立，母亲在一旁舔着它，鼓励它。它费了好大的劲终于能站起来了，但总是跌倒。

大约 30 分钟后，它能站稳了，就开始跟着母亲走。但是它错将队伍中的另一匹斑马当成了母亲，这个错误非常严重，致使它付出了沉痛的代价——那位假妈妈使劲用后腿将它踢出了 2~3 米开外。我们都觉得这个小家伙活不成了。但几分钟之后，它又挣扎着站了起来。这一教训并没有要了它的命，在如此困难的任务中发生这样的事也不会让人感到意外。我们观察了这个小斑马几乎整整一天。在它犯了那个糟糕的错误几小时后，它总是能径直地找到母亲。它的学习能力让我吃惊。这件事说明，小斑马在某些方面的学习速度要比人类快得多。大自然给每个物种以独特的学习能力（学习素质），这些小斑马就是活生生的例子。

您知道吗？

经常需要解决任务的狗狗能够将自己获得的经验转移到新的问题上去，因此它们能更好地理解问题，更快地解决问题。相比之下，没有经过训练的狗狗很容易放弃，并且在解决问题时会寻求人类的帮助。

不同的天赋

我们想要训练动物就必须要了解和顾及动物不同的学习素质。狗狗和猫就是很典型的例子。要让猫咪用爪子去抓住一样东西简直是小儿科，但这事儿对狗狗来说就没那么简单了。反之，让狗狗拿个东西或者理解人类的信号就简单得多。因此我们需要区分不同动物学习能力的基础条件和它们各自独特的学习天赋。

这并没什么好惊讶的，因为每种动物在进化的过程中要能适应不同的环境。外部环境像是一把剪刀，剪出了适于环境的动物类型。狮子肯定不是好的渔夫，当它们看到水里有条鱼在游泳时，根本就不知道用前爪去抓；但对阿拉斯加的棕熊来说这就是小菜一碟。狮子和棕熊的学习素养就不同。但这并不代表有着同样学习素质的动物就有同样的天赋，棕熊之中也有好猎手和差猎手之分。这些不同的能力构成了我们或者动物个性的一部分。在我们学习的时候，我们不再是原来那个自己了，因为我们的大脑在学习过程中会有上百甚至上千个神经细胞重新连接起来。最让人震惊的是，神经学家已经能借助特殊的显

▸ 一只训练有素的导盲犬，比如这只拉布拉多寻回犬，能让自己主人的活动便利程度大大提高。

微镜实时看到单个的神经细胞也就是神经元是如何互相连接在一起的——这便是科学技术的奇迹。科学家们看到，神经元像藤蔓植物一样，将自己的纤维组织伸出碰到其他的神经元并建立起新的连接（神经键）。他们能看到大脑微观结构是如何变化的。这就是为什么我们在学习之后就跟以前不一样了的原因。

我们为什么要学习？

　　这个问题的答案听起来既简单又让人惊讶——为了获得快乐或

者是更好的工作机会。要成为一个好的滑雪运动员或是钢琴家，人们一开始必须进行大量的练习，然后才能渐渐随着技能的进步感受到乐趣。学习可以说是对以后生活中幸福感或是稳定职业的投资。人们受教育程度越高，也就是说学到的东西越多，工作机会也就越多。

动物为什么要学习？ 这个问题的答案与人类要学习的原因相似。它们也是出于趋利避害的需求——满足积极的情绪，避免消极的情绪。对应到人类的职业生涯就是动物们在自然界为了生存而做的斗争。学习使得动物能够更快地适应外部环境的变化，能更从容地经受日常生活的考验。此外，很多学习过程也伴随着情绪体验，比如正常情况下也许没人会记得一位从法兰克福飞往马德里的机长的名字，但如果这架飞机在飞行途中经历了一次非常刺激的紧急迫降事件，那么这次事件就会激活乘客大脑中上千个脑细胞，分泌蛋白质。而且每次当乘客叙述这件事时，那位机长的名字就会被唤醒，大脑会加强记忆之间的联系，即使当年的乘客进了养老院，他依然还能用这个故事来震撼他人。

对所有的人和动物来说，很多事不是在每一种情况下都能判断出好或是不好。我们必须要通过个人充满乐趣的或是痛苦的体验来判断。根据神经生物学家格恩哈特·罗特的观点，这是控制行为最理智的方法，他认为所有在相对复杂的环境中生存的动物都有大脑边缘系统以及用情绪体验来评价学习过程的能力。

狗狗喜欢学习

这个故事开始于 5 万或 10 万年前，具体是什么时候，科学家们还在争论之中。无论如何，可以确定的是，人类按照自己的意愿饲养了狗狗，这便造就了一种有着卓越学习能力的动物。我可以打赌，狗狗的学习能力要比它们的祖先——狼强得多。但是光有天赋是不够的，有句谚语说得好，“没有努力就没有收获”。在人类看来，狗狗当然是不够努力的，但是它们经常不知疲倦地愿意学习掌握新事物。猫不再学习的东西，狗狗还会坚持。这也许就是为什么猫的积极性那么难以调动的秘密。而人可以不停地用很难的学习任务来训练狗狗。它们非常有耐力。如果没有这种性格，想要训练导盲犬是不可能的，因为这需要强大的理解力、耐力和坚韧不拔的毅力。持续好几个月的强化训练是必需的，这对狗狗和驯犬师来说都是一段艰难的时光，双方要互相信赖。想要有所收获，人必须对他的“保护者”有耐心,狗狗也必须喜欢执行自己的任务。人类经常忽略的一点就是，狗狗是喜欢学习的。

回到过去

人和动物能够学习的先决条件是什么呢？这儿有一个英国BBC电视台的记者进行的扣人心弦的实验：

2001年8月的一天，阳光明媚，两位BBC的记者和年轻的斯蒂芬·威尔夏一起登上了一架直升机。他们要从上空俯瞰伦敦。受试对象就是斯蒂芬·威尔夏，他的任务是从窗户往下看。虽然他认得地面上的那些风景名胜，但他还从来没有从空中看过它们，他用激动的声音说到了泰晤士河、剑桥等等。每秒都有新鲜的事物，视角也在不停地变化。飞行结束之后，有人塞给他一张纸和一支笔。3小时之后，他毫不费力地画出了一幅精准的伦敦俯瞰图。图中展示了大约10平方公里的土地上的12个名胜以及大约200个其他建筑物，所有的东西位置都对，角度也非常完美。斯蒂芬·威尔夏跟每个人一样，将看过的东西都存储在后脑中的视觉皮质中，大约只有3平方厘米大小的区域，包含30亿~40亿个神经细胞。

在直升机飞行的过程中，视网膜将无数的画面传送到那片区域中。斯蒂芬·威尔夏的大脑将这些图像与他记忆中的伦敦相比较，并借助海马体将这些图像合成为立体空间的总图。斯蒂芬·威尔夏和普通人不同的地方就在于他卓越的记忆力。他

小贴士

狗狗即使年龄大了也喜欢学习，但请考虑到它的身体健康状况。训练时间不要过长，适当增加休息时间。它即使已经认识很多东西了，也会很高兴学新事物。

实践

瑞克的学习——您的狗狗认识这些名字吗？

将名字与实物联系起来

让狗狗叼来一个毛绒玩具，比如“寇拉，把那个毛绒狗狗拿过来”。花几天的时间一直用游戏的方式做这个训练。当您确定狗狗做得很好的时候，再加上一只毛绒小鸟，练习开始的5~10次请先让它拿毛绒狗狗，然后再拿毛绒鸟。

狗狗拿对了吗?

如果狗狗被绕晕了，不知道自己到底要干什么了，没关系。请您拿起毛绒狗狗，把它塞到狗狗的嘴里，然后不停地告诉它：“这是毛绒狗狗。”几天之后，狗狗就会将这个概念和实物联系起来了。现在再次像图中那样测试一下吧，将毛绒狗狗和毛绒鸟放到它面前，让它把那只小鸟拿过来。如果它选对了，那它就完全懂了。

记住的东西会不停地浮现在眼前。研究人员将这些某方面有着特别天赋的人称为“岛屿天赋者”。“岛屿”是个特别贴切的称呼，因为他们的天赋仅限于知识和记忆的某一个小方面。斯蒂芬·威尔夏的智力可以说一直停留在过去，但他因自己独特的能力而轰动一时，瑞克也是……

边境牧羊犬瑞克成为头条

几百万的观众坐在电视机前，看到瑞克和它的女主人登上了电视竞猜类的电视节目《您敢打赌吗？》，这条边境牧羊犬在聚光灯前会如何表现呢？它对那么多陌生的人和新环境的接受度如何呢？这些问题在他们登台之前困扰着它的女主人鲍丝女士，但是她控制住了情绪，没有将自己的紧张传染给瑞克。她知道，那样的话会降低瑞克成功的机会。瑞克的任务是在许多毛绒玩具中挑出多特蒙德俱乐部（BVB）的足球。主人给了它开始的信号："瑞克，BVB 在哪儿呢？"瑞克就去找了，它在大约 60 个物品中溜达了两次，然后开心地咬住了多特蒙德的球并带给了主人。多棒啊，它竟然能记住那么多东西的名字！

瑞克赢得了比赛，也成了各个报纸的头条。它的成绩到底有多棒，您如果试试记住 100 个汉字，就会知道这到底有多难。中文对您的陌生程度也许就像我们的语言对瑞克那样。或者这里面难道有什么花招吗？

狗狗可以思考 莱比锡马克斯－普朗克研究所的朱莉阿娜·卡明斯基为我们澄清了这个怀疑，我有幸可以在场见证这个实验。鲍丝女士在 200 多种物品中选出了 15 种，如小灰熊、太阳、蝴蝶等。测试物品被卡明斯基女士放在隔壁的房间里，瑞克和它的主人都看不见，这样鲍丝女士就不知道那些毛绒玩具的具体位置了，她只能把瑞克叫到身边给它下命令："瑞克，把蝴蝶拿来。"之后发生的事情让我惊奇万分。瑞克跑到另一个房间，它犹疑地从一个个毛绒玩具身边走过，嗅嗅它们。看起来它不像是根据记忆在找，而是在思考。我们完全可以排除其中有耍花招的可能性，因为鲍丝女士在另外一个屋子里，根本就不知道那些东西是怎么摆放的，她不可能在瑞克找东西的时候给它任何暗示。那些怀疑瑞克本领的人，在两年之后通过卡明斯基女士的实验也打消了疑虑。这个实验的目的是证明瑞克在选择毛绒玩具时确实在思考。

到这一步只能证明瑞克有着惊人的记忆力和良好的标记能力，电视上的成功并不能证明它可以思考。卡明斯基女士选择了大约 15 个它熟悉的玩具，加上一个它不认识的"小鸡"。瑞克犹疑地选择了小鸡并把它拿给主人的时候，这就有力地证明了它在思考。瑞克的思路是这样的：我认识这里所有的东西和它们的名字，只有那个新的不认识，那它一定就是小鸡了。年幼的儿童在学习新词的时候也是按照这一原则思考的。

瑞克用自己的这一本领不只让电视观众信服了，也说服了那些持怀疑态度的科学家。有关它思考能力的文章被发表在一本著名的自然科学杂志上。鲍丝女士因为她的狗狗也获得了很高的知名度，但是瑞克“学习成瘾”的代价也不小。

学习能够上瘾

在日常生活中瑞克精力充沛，它总是把玩具拿出来，要求主人陪它玩，这让它的主人非常忙碌。鲍丝女士有次跟我坦诚地说：“要是我知道会这样，也许就不会跟它开始这个游戏了。”他们开始这个游戏是在瑞克 21 个月大的时候，那时瑞克肩部动了手术，必须打上绷带，并且三个月不能长距离散步。鲍丝女士当时觉得必须给这个精力充沛的小家伙找点事儿做，于是找毛绒玩具的点子就诞生了。我觉得这个主意很棒，不仅能锻炼记忆力，也锻炼了肌肉。但是其中可能隐藏的风险是狗狗以后只愿意叼东西了，会得一种神经官能症，也就是一种心理障碍。所以让狗狗的精神世界丰富起来非常重要。瑞克是狗狗当中的特例吗？研究者研究了其他一些狗狗，在几百只中只有两只可以与瑞克相提并论。

贝斯提超越了所有狗狗　两只狗狗中的一只就是雌性边境牧羊犬贝斯提。它的记忆力超越了瑞克，能记住 340 多个单词。在这一点上甚至我们的近亲黑猩猩也比不上它。一个单词它听一两次就知道这个声音模型代表了什么，也许是个人，也许是个物品。它很小的时候就显露出这方面的才能了。10 个星期大的时候，它就能按照毛绒玩具的名字把它们叼给主人。成年后它能记住 15 个人的名字。它让人惊叹的才能还不仅如此。如果有人给它看一幅毛绒玩具的画，并让它去另一

▸ 这两只狗狗玩得很好，也一起完成任务，它们甚至一起从水里把橡皮奶嘴叼了回来。

个屋子里的一堆玩具中把相应的玩具拿来，它很快就会跑过去准确无误地叼来那个玩具。贝斯提可以在大脑中将二维图形转化为三维实体。

记忆——学习的钥匙

记忆对人和动物的生存都非常重要。只有依靠记忆我们才能将生活中所经历的每一个时刻合成一个整体，以此我们才将自己作为一个个体来认识。相反，记忆的丧失会导致我们丧失个性以及与他人交流的可能性。神经科学家们在动物身上进行了大脑是如何记住某些时刻而忘却另一些时刻的研究。其中一位领导者是纽约的神经科学家、诺贝尔奖获得者艾瑞克·坎德尔。他早年致力于研究“学习”以及“记忆”的分子机制。他的成功要感谢一种名叫“海兔”的黏糊糊的螺类。

他的这一实验对象与主流的教学思维相反，一般研究认为这种动物是不会学习的，并且也不会有记住特定事物的能力。艾瑞克·坎德尔却不这么认为，他在自己的著作《寻找记忆》中说道："我投身学习的生物学基础应该在单个细胞的层面上进行研究。进一步说，在一种可思维的简单动物身上研究某种简单的行为方式能得到最大的成功。"他继续道："我认为人类有可能在进化过程中保留了所有学习和记忆存储的细胞机制，其中包括简单动物也有的机制。"海兔的优势就在于它有着比较大的神经细胞，有些我们甚至用肉眼都能看见。此外，它们构成神经网络的细胞相对较少。坎德尔的这一观点有多正确，看他的巨大成功就知道了。通过他的研究，我们初步对人类和动物的大脑在回忆时发生了什么有所了解。

采访艾瑞克·坎德尔 《明镜》杂志对这位研究记忆的专家进行了采访。关于进化中哪些基础的发明让记忆成为了可能这一问题，他回答道："记忆力的钥匙在于神经细胞之间的连接，也就是神经键要具有可塑性，它们能在经验的影响下发生变化。大脑时刻都在改变，这又导致了每个个体从解剖学上来讲都有着独特的大脑，因为大脑是通过个体的经历和经验被塑造的。即使是有着完全相同基因的双胞胎，他们的大脑也是不同的。这很有趣。"这一点当然也适用于动物。我们要不辞辛苦地重复这一事实，因为它在分子层面上证明了动物也是有个性的。

很多动物有着令人印象深刻的记忆力。只要与狗狗、猫或者鹦鹉共同生活过的人肯定都观察到了这一点。就我的经历而言，我的虎皮鹦鹉弗里茨与它之前的女主人安内特分开超过 4 年之后还能认出她，它还会跟以前一样站到她的肩膀上，吹出跟以前一样的调子。我的牧羊犬泰迪也让我震惊，我曾经教过它辨别两个带有不同图案盖子的食盆。其中一个盖子上画着圆形，另一个上画着三角形。但在圆形图案盖子下方才有食物。它对这项任务理解得很快。一年之后我重新对它做了同样的测试，它不假思索就选择了圆形。狗狗不仅像我们之前讲

认识符号——您的狗狗能区分这些符号吗？

三角形和圆

请拿出两个相同的食盆，用两张相同的白色纸板盖起来，在白纸板上分别画一个三角形和一个圆形。请在画有三角形的纸板下方的食盆里放上食物。命令狗狗去“找”。也许需要几次尝试之后狗狗才能知道食物在画有三角形的纸板下而不在画有圆形的纸板下。

四边形和圆

现在请改变任务，加入第三个画有四边形的白纸板，用它换掉三角形纸板。狗狗会作何反应呢？它会犹豫要不要把画着四边形的纸板拿开，因为它看到了新的符号。但它也知道圆形纸板下什么也没有，所以它选择四边形。但如果有的狗狗不那么确定而选择了圆形，那么它将好好记住这一课，因为那只碗里什么也没有。

的例子那样能记住很多物品，而且也有着很好的长期记忆的能力。最好的例子就是维斯拉的记忆力，我之前讲过它是在丹麦度过的幼年和儿童时期，所有的命令和亲昵语都是用丹麦语说的。很长一段时间维斯拉过渡得比较困难，因为它必须要学习德语，或者准确地说是巴伐利亚方言。为了让它更好地过渡，我学了几句简单的丹麦语，如“坐下”、“趴下”和“爪子”。后来我们就只跟它说德语了。有一天我和我妻子带着维斯拉坐在一个小酒馆里，突然维斯拉站了起来，摇着尾巴，开始发出不同以往的尖细叫声。它在五年之后重又听到了自己的“母语”。我们邻座的那对丹麦夫妇跟我们一样吃惊。当那位女士用丹麦语亲昵地叫它“小老鼠”的时候，它激动得简直不能自已了，并且很高兴地让她抚摸。我以前从未想到语言能对狗狗有这么大的意义。我不知道维斯拉是因为单个的单词还是讲话的语调让它那么高兴，但从那之后，我理解了很多来自南方国度的狗狗要适应我们的语言是多么不容易。大家需要考虑这一点。

小贴士

如果狗狗在做任务的时候马马虎虎，请您不要急于批评，试试一些别的新游戏。训练时间千万不要超过20分钟。还有一种可能就是狗狗真的没有能力完成设置的任务。

记忆力

狗狗对它学的东西到底懂了多少呢？它清楚地掌握了学习过程中的内容，还是这些内容跟很多机械式的学习方法一样只是无意识地进入了它大脑的记忆储存区域？就像我们学会滑雪或是骑自行车之后，我们扣上滑雪板或是坐在自行车上，就会无意识地使用刹车或是拐弯。这些技能都是我们无意识地在使用，并且都会终生保留在我们的记忆里。这种无意识的长期记忆被专业地称为“内涵记忆”，这种记忆是不会出现空白的。当骑自行车时，我们每分每秒都知道自己应该做什么。在必须刹车的情况下，我们也没有必要非得意识到这一情况。但如果要背诵诗歌，情况就完全不同了，这一过程必须是有意识的。我的岳母将近 90 岁了，她很喜欢朗诵诗歌，如果诗比较长的话，那她很有可能在中间卡壳，必须想想下面是什么。我们都经历过这种记忆空白，比如使劲想某个人的名字但就是想不起来，那我们就会有意识地在大脑里将这个名字与其他事件联系起来，什么时间、什么地点我们俩见过呢？我在动物身上也观察到了这种现象。让我印象最深刻的是瑞士的动物训练员约克·杰尼的豹子达雅。我用一个特殊的器械测试过豹子是否对生理规则有基本的理解。这项任务并不简单，由四个连续的小任务构成，完成所有任务才能得到奖励。当我一年后让那个豹子再次做相同任务时，它立马就记起来了，并且毫不犹豫地跑向那个器械。但是后面发生了让我意想不到的事，在第三个小任务上，它停下了，它的记忆出现了空白。它看起来像是在问自己："我上次是怎么做到的呢？"它站在那儿，盯了那个器械一两分钟。突然它茅塞顿开，继续完成了任务。我认为一些动物对自己学的东西是能够理解的，并且也能想起来。但是我没有对此再做更精确的实验。

人们通常认为动物是不会回忆过去，更不会放眼未来，动物是只生活在当下的生物，对它们来说既没有过去也没有将来，这些概念只适用于人类。一位活力四射、精神抖擞的剑桥科学家妮克拉·克莱顿对此或许更有发言权，她和她的松鸦——一种蓝色的小型鸦类——撞了学术界的大运。这种鸟是可以做时间旅行的。妮克拉·克莱顿和她的团队将鸟儿非常喜欢的稍腐烂的蛾子幼虫以及严重腐烂的花生藏起来。4 小时之后让这些小动物选择是吃花生还是幼虫，它们更喜欢那些蛾子，而 24 小时之后它们就主要选择花生了。它们知道在这段时间中蛾子幼虫腐败了，只有花生还能吃。如果它们饿了很久，那也会愿意把花生挖出来吃掉。对克莱顿来说，非常清楚的是："鸟儿记得过去的事件发生的时间、地点，并将此事推演到将来。"虽然我不能说狗狗对未来也有计划，但万一有呢？它也许知道它埋起来的骨头藏了多久了，并知道骨头什么时候会完全腐败，不能吃了。

没有奖励就不学习

这个标题听起来是老生常谈了，因为每个主人都知道，如果狗狗学会了什么之后必须要给它奖励。但是仔细想想，这个问题就没那么简单了，到底什么才算是奖励呢？肯定不只是一块饼干。

什么样的奖励适合谁？ 我们花了两年时间来研究狗狗是否理解物理学上的基本原理。为此我们制作了一个“问题箱”(见照片)，也就是一个钢笼子，底座为厚重木板，两部分用螺丝拧在一起，相当于一个倒置的自行车筐。这个大箱子的上部就像一个盖子一样可以打开，通过这个盖子，我们将一块饼干放在了活动木板上来吸引狗狗。在箱子的两个窄边各有一个开口，通过这两个开口可以选择是拉开短的或是长的活动木板。木板的边缘钉上了一块木条，作为狗狗的把手，就像一个抽屉那样可以拉开。

小贴士

在让狗狗学习或执行思考任务前的2~3小时之内不要喂它，否则用食物来做奖励的话对它就没什么吸引力了。但它太饿的话，也没有想学习或是思考的心思了。成功完成任务后，请给它鼓励的话语、食物和抚摸。

狗狗拉开木板，就可以用爪子够到吃的。我在后面还会讲到狗狗对物理基本原理的理解，现在要说的是奖励。狗狗拉开木板拿到吃的是偶然发生的，大部分的狗狗无论如何都想得到饼干。十只里有三只在 20 分钟内完成了任务，偶然拉开了木板得到了吃的。所以食物就是这次行动的动力。

但这个方法在我的雪山搜救犬维斯拉那里就行不通了。它围着笼子转了几圈，然后尝试着从笼子的不同方向去够饼干，都没有成功，5 分钟后它就放弃了，并且对饼干和那个箱子都兴趣缺缺了。但是当我们把饼干换成一个毛绒玩具狗狗之后，它的表现就完全不一样了。它围着笼子爬上爬下转了好几圈，14 分钟后，它终于把毛绒狗狗从箱子里拉了出来，并且立马开始撕扯。那只玩具狗狗激发了它的狩猎欲望，为了满足这种欲望，它愿意花费时间。

▸ 柯拉知道自己在做什么，它把木板的边缘作为将木板从箱子拉出的工具，这样就能吃到香肠了。

它尝试了 13 次，没费太长时间就拉开了抽屉。维斯拉跟大部分的狗狗不同，食物对它并不是什么奖励，毛绒狗狗才是。但是这两种情况都作用在同一机制下，那就是要满足内心的欲望。一个是食物的欲望，另一个是狩猎的欲望，这些欲望促使狗狗去学习，而学习的成功与否在于奖励是否合适。我们必须知道哪些奖励适用于哪些狗狗以及哪些学习任务。

然而大部分的主人包括驯犬师在这方面点子都比较匮乏，他们使用的奖励总是食物。虽然食物在人和动物的生命中非常重要，但它并不是我们大脑中的唯一奖励。

大自然给了我们很多不同的奖励，人和动物为了创造并延续生命都在使用它们，其中就包括性。

性作为奖励　神经生物学家沃尔夫拉姆·舒尔茨对此态度非常明

杯子测试——您的狗狗认真观察了吗？

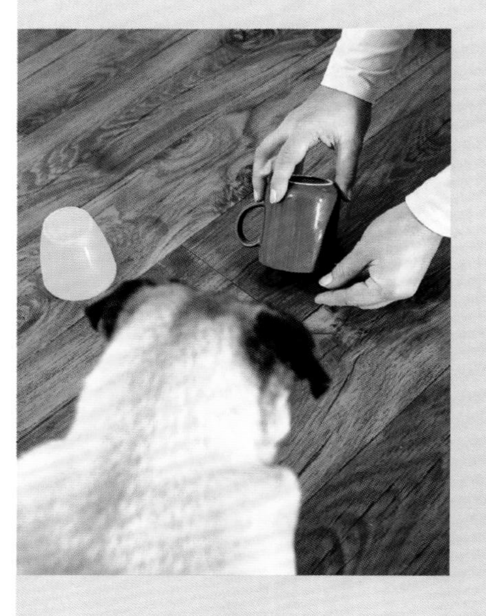

第一步：拿两个形状、大小都不同的杯子，在距离狗狗大约 1 米的地方，让狗狗观察你的动作。把杯子翻过去，在杯子下方放一块干燥的狗粮。下令让狗狗“找”，狗狗径直走向有食物的杯子，把杯子掀翻，吃掉食物。重复这一过程几次。

测试结果：您的狗狗很可能已经知道了哪种杯子下面有食物，这您可以检测一下，交换杯子的位置，加大两者之间的距离。如果您的狗狗马上就去找之前那个杯子，那它就理解了任务。下一阶段的测试可以提高难度。

确，他说：“性行为可以与生命必需的物质相提并论。我们寻找性，接近潜在的伴侣，学着如何对待伴侣和性，我们发展能提高性机会的积极的个人情感。虽然这听上去有点难以接受，但是性在进化的意义上，确实是一种奖励，并且可以作为奖励被研究。”

这里就有个棘手的问题，被阉割了的狗狗是什么感觉，被剥夺了最重要的奖励机制之一的它们是如何感知这个世界的？这些我们都不

第二步：从现在开始，狗狗不能再看到您把食物放到哪儿去了。请拿五个杯子摆成一排反扣在地面上。其中一个是在第一步时放食物的那个。狗狗必须从五个当中选出正确的那个。给它下令“找”。这个任务还可以更难，您可以将五个杯子随机摆在房间里。

第三步：现在将五个杯子按顺序排好，将食物放到其中的另外一个杯子里。狗狗会跟以前一样，跑到旧杯子那儿，结果当然非常失望，因为旧杯子下面没有食物。它会怎么办呢？是去翻看别的杯子，还是失望地站在那儿？如果它站在那儿不动，您就指给它食物所在的杯子。它需要多久能知道食物在另外一个杯子里了呢？

知道。我们一般认为：动物是被性支配的、没有感情的机器。但这种想法太武断了，狗狗在性的过程中也是有感觉的。

奖励机制

糖果是一只雄性澳大利亚牧羊犬，它接受了要成为救援犬的训练，训练可谓路漫漫其修远兮。首先要接受的任务是：一个人站在离它和它主人 200~300 米远的地方，而糖果不应该去他那儿，而应该去找另一个躺下的人，站到他旁边，开始朝他狂吠。如果它能全部正确地完成，就能得到食物作为奖励。这项任务不容易，不是一蹴而就的。糖果必须做对三件事才能得到奖励：服从命令跑过去，站在那儿，然后也许是最难的部分——朝那个人叫。糖果是只聪明的、好奇心很强的狗狗，它在《星 TV》这个节目中与龚特尔·姚赫的互动给人留下了深刻的印象。它在尝试了 10~12 次之后就已经轻车熟路地理解了自己的任务，并且不需要饼干作为诱饵了。只要有命令它就会去完成整套动作。奖励的作用就是鼓励它，让它去学习。那么当奖励机制启动的时候，糖果的大脑里发生了什么呢？

不同的奖励中心　故事开始于 20 世纪 50 年代早期，研究员欧尔兹和米尔纳在大鼠的大脑中植入电极，以制造微弱的电流。这个实验听上去很恐怖，但事实并没有那么吓人，因为所有生物的大脑是没有痛觉的。电流使得电极周围的神经细胞开始燃烧。研究人员将电极放在大鼠大脑的不同位置，发现大鼠有了不同寻常的反应。为了获得电流的刺激，大鼠必须按下一个手柄。这些大鼠疯狂地按下手柄，如果不把它们与手柄隔开，它们甚至会忘记吃饭喝水，就连一只雌鼠也不能吸引雄鼠的注意力。很明显，什么都比不上对大脑的刺激。它们停不下来。

科学家们发现了大脑中不同的奖励区域，这曾是轰动一时的重大事件，是对大脑加紧研究的开端。后来人们发现在被刺激的奖励区域中，一部分的神经元会释放神经递质多巴胺到神经键中。人类的这种神经元处于中脑，正好在嘴巴的后方。

是什么实验让人们确定了多巴胺神经元会对奖励产生反应呢？如果给猴子或是大鼠喂食或是喝水时，它们的这类神经元会释放出与它们自我电击时相同的信号。科学家们发现多巴胺神经元不只是当动物真实得到奖励时会发生反应，而且当有预示着奖励的刺激，比如灯光或者声音时，也会发生反应。这个发现是个极大的惊喜。奖励越大，

测试：您的狗狗有多聪明？

智力测试总是带有一定的目的性的，所以不要太过认真，开心就好。

	A	B	C
1. 开一个门洞，宽度刚好够狗狗过去，让它叼一根长度比门洞宽一些的棍子，然后让它穿过门洞。狗狗会：A 把头转一下，刚好够它和棍子一起过去；（5 分）B 丢下棍子，自己跟着您过去了；（3 分）C 没有丢下棍子，但是也过不去（1 分）。	●	●	●
2. 让狗狗看着你把一块饼干藏在一个比较高的纸篓里，狗狗会：A 围着纸篓转，但不会把头伸进去；（1 分）B 去撞纸篓，想打翻它，但是失败了，开始叫着请你帮忙；（3 分）C 跳进纸篓，把里面的东西都翻出来。（5 分）	●	●	●
3. 用绳子绑住它最喜欢的玩具，把玩具放在高处，让绳子垂下来，只要狗狗跳起来一些就能用嘴够到绳子。狗狗会：A 咬住绳子，把玩具拽下来；（5 分）B 只是看着您，没有任何动作；（1 分）C 找到可以攀爬的东西，借助它跳到上面去拿玩具。（3 分）	●	●	●
4. 您和别人谈话时，大声清晰地提了几次狗狗的名字。狗狗会：A 像没听见一样走开；（1 分）B 叫起来，想要加入讨论或者是准备好做游戏了；（5 分）C 认真地偷听你们说话。（3 分）	●	●	●
5. 狗狗放松地躺在距您大约两米的地方，周围很安静，您看着它的眼睛，对它微笑。狗狗会：A 立即来到你身边；（5 分）B 移开目光，或找另一块地方躺下；（1 分）C 躺在那儿不动，友好地摇尾巴。（3 分）	●	●	●

答案：

5~11 分：您的狗狗也许会知道在紧急情况下要您帮助。

12~19 分：很好，您的狗狗比较聪明，也许您也清楚它的强项和弱点是什么。

20~25 分：棒极了！您的狗狗简直是爱因斯坦，它喜欢自己解决问题，而不是寻求他人的帮助。

神经元就越活跃。人们把这样的神经元称为“奖励神经元”。但有趣的是，奖励如果越有保障，反而越有可能使这些神经细胞的活跃性在一定程度上下降。当猴子、狗狗和人定期地因为同种成绩而得到奖励，那么这些神经元就不会再活跃了。这跟我们日常生活的经验相一致：一个确定会出现的奖励总有一天会被认为不再是奖励。那到底是什么时候呢？或者从神经生物学角度来提这个问题，就是什么时候多巴胺的量达到最大？如果奖励比预期的要多，那么奖励神经元就会发生剧烈反应；如果奖励跟预期的一样多，那么它们就没有什么反应；如果比预期的要少，那么就会有负面反应。总之，一条不变的规则就是，“奖励神经元”释放多巴胺的量是根据“期待的”和“得到的”奖励之间的差值决定的。乍一听上去也许很复杂，但如果联想到我们现实生活中所期待的奖励就能简单地理解这条规则了。对糖果来说，人们在它每次找到要救的人而大叫之后不能给予同量的食物，而要在开始时尽量少给，以后慢慢增加，或是改变奖励的时间间隔，以免让期待值变为习惯，要让它对奖励保持新鲜感。

变换的奖励形式

我们年幼的圣伯纳犬巴鲁给我们上了关于奖励的一课。它在我们的卧室睡了6个月甚至更久。有次我们出去旅游，我的几个女儿会帮我们照顾两只狗狗——维斯拉和巴鲁。我们回来之后准备趁此机会把巴鲁“赶出”我们的卧室，让它睡到隔壁的房间去。第二天早上我们刚醒没多久，就听见它在轻轻地挠门。我们心一软就让它进屋了，抚摸安慰它。从行为生物学角度来说，这意味着我们用放它进屋并和它亲昵的方式奖励了它挠门的行为。这种打招呼的方式发展成了每天早晨的例行公事，但是巴鲁想要更多。它还想重新占领我们的卧室。晚上我们上床睡觉后，它就开始挠门。我们狠心不理它，它就溜回隔壁房间。一切都恢复正常了，只有早晨的招呼形式还保留着。突然它开始在午夜挠我们的门了，我们依然不理，它无功而返。这样过了几周后，它在一天早晨蒙蒙亮的时候，它又开始发动攻势了。我开始怀疑它是不是要出去方便，就打开了门，结果它低着头进来，径直朝它以前睡觉的地方走去。我没法儿抵抗它这种架势，就让它在屋里睡了。它的固执让它赢了。也许它的奖励神经元释放了很多多巴胺，因为“得到的”和“期待的”奖励之间差值非常大。在多次尝试失败后，它肯定没想到我会开门。它的行为也说明了这一点，它总是在不同的时间段反复尝试挠门，总会有某一次我会被它打动的。但现在，我才是赢家……

奖励的选择 这要根据动物的个性而定。食物对巴鲁没有吸引力，它更喜欢声音和抚摸。维斯拉告诉了我声音在人和动物的交流中有多重要，包括音调、音频和音序。我认为人应该从本质上变换奖励的形式，达到增强刺激、奖励效果和学习效率的目的。根据不同的狗狗，我会选择使用食物、抚摸、声音或是思维游戏来做奖励。在实验过程中，我们确定了狗狗不仅仅是为了饼干才去执行任务的，也是出于纯粹的乐趣。在这一章的最后我想还回到格恩哈特·罗特的话：“奖励本身让我们满意，但是奖励留下的影响以及由此引发的对新的奖励的追求在不断刺激、激励着我们。我们想要跟上一次一样棒的感觉……”这个说法也适用于狗狗。

▸ 维斯拉四脚朝天地躺在地上，它之所以表现得如此乖巧，就是在满怀欣喜地等待着奖励——让我去抚摸它。

很多东西都可以作为奖励，就看您的狗狗最喜欢什么了

狗狗的个性不同，对奖励的感受也不同。比如，一只狗狗可能极其喜欢跟主人亲近搂抱，而另一只就受不了这样太亲昵的举动。一些狗狗为了吃的什么都能做，而另一些则无动于衷。您要做的就是找到狗狗到底喜欢什么。

抚摸

抚摸过狗狗的人都知道它们有多享受这种服务。抚摸能让狗狗产生积极的情绪，所以也是非常适合作为奖励的。我们的手表达了最真诚的情感，让狗狗感觉很舒服。不止狗狗爽得要上天，连我们也非常享受并沉浸于其中的乐趣。狗狗放松地闭上眼睛，支着脑袋。它们如果是站着的话，尾巴也会慢慢放下来，感觉非常陶醉。维斯拉和巴鲁每天都要这么享受：它们打个滚儿肚皮朝上，前腿翘着，后腿打开，等着你来给它挠肚皮。为什么抚摸会让狗狗这么舒服？在抚摸时，我们彼此之间有了直接的肢体接触。行为研究专家约纳坦·巴尔科姆博在他的著作《像动物一样游戏》中写道："抚摸是一种重要的交流方式，传递的信息是'我相信你，接纳你或我喜欢你'。"不管是狗狗、猫、狮子或者鹦鹉都喜欢抚摸，心理学家雅克·潘克塞普的实验甚至证明了老鼠也喜欢抚摸。在这项实验中，大鼠学会了去按一个手柄，按下之后它们就会被挠痒痒。9天之后，当它们再去按手柄时，挠痒痒的奖励被取消了。为了排除大鼠是出于惯性去按手柄的可能性，研究人员接下来安装了两个手柄供大鼠选择，一个按下之后会得到抚摸，而另一个则没有。跟预想的一样，大鼠都去按带抚摸服务的手柄，而另一个则很少被按。抚摸可以增进与社会关系的连结，如果这个世界没有了肢体接触，那对人和动物都是莫大的损失。

声音和声调

每个和鹦鹉、狮子、狗狗或是猫咪一起工作过的人都知道，声音是一种很好的奖励，可以提高动物的积极主动性，但有时也会被当作惩罚去训斥它们。我更喜欢把声音当作奖励。比如你想表扬狗狗时，严肃冷静地说"干得好"，这肯定不能称为表扬。你必须使用一种"友好"的语调和狗狗说话。当我教巴鲁听到我的呼唤要过来时，我是这么做的：当巴鲁在距离我30~40

米远的地方东闻西嗅时，我把一节铝箔揉成一团或是用别的东西敲击自行车管子，这样我制造出的声音就会吸引它的注意。它会立马抬起头看向我。这是非常重要的一步。我抓住时机跟它说："过来。"开始的几次训练，我还会用手向自己的方向做"来"的动作，以便让狗狗明白我想要它干什么。这样重复 5~10 次之后，它就知道它应该过来了。当它跑过来之后，我就会用温柔绵长的声音来奖励它："太——棒——了。"所以我奖励巴鲁的方式就是抚摸和语言。

美味的小点心

吃的东西原则上是个不错的选择，但是可能会造成乞讨行为。大部分的狗狗都是为了可口的点心才行动的。奖励性质的食物可以是干燥的狗粮，也可以是您自制的东西，例如小块鸡肉或是水果块儿，这样食物的口味就不同了。点心一定要小、要软，不至于让狗狗必须使劲嚼。训练的时候不要把它喂饱。多试几次，看看什么样的点心最能激励它学习。

其他奖励形式

您的狗狗真正喜欢的东西，也可能是个玩具。当它表现很好的时候，拿出那个玩具跟它玩一会儿，或是让它和其他狗狗玩玩。甚至比较棘手的思维任务也可以给它带来巨大的乐趣，进而成为一种奖励。但是，只要狗狗做了点儿什么"成绩"都要给它奖励吗？也不尽然，因为那样的奖励就失去了它的价值。奖励必须维持明确的意义。如果狗狗很容易就能吃到小点心，总是能玩最喜欢的玩具或者任何时候都在被抚摸，那奖励的影响力很快就会消失，并不能再作为奖励了。

▸ 充满爱意的抚摸，对很多狗狗来说是最大的奖励，相比之下，好吃的就没那么重要了。

▸ 总是能得到额外的点心的狗狗不会再把小点心当作对自己的奖励了。

通往另一个世界的窗户

虽然狗狗眼中的世界和人类的不同，不过人和狗狗还是可以互相理解的，至少我们是这样认为的。如果能够走进人类忠实的朋友的内心世界，也许您就会发现它们全新的一面。

横看成岭侧成峰，每个人眼中的世界都不同

黑色的阴影掠过夜晚的天空，是蝙蝠在夜色中捕食。它们发出雷达声波，大脑对声波进行分析后形成精准的声像；在灰鹦鹉的眼中它们的伴侣和人类看到的并不一样，因为它们可以看到阳光中的紫外线，所以第一眼就可以分辨出对方的性别；大象的次声系统让它们可以呼唤几公里以外的爱人；信鸽、候鸟和蜜蜂更是拥有我们完全陌生的感知能力，它们能在地球磁场的引导下长途迁徙。这些鸟类的大脑中有指南针，而一些鱼类甚至可以感知电场。也有人类可以嗅到数字，听到声音，这种“通感”在其他人看来就好像是不同的感官简单混在了一起，但科学家相信并不止于此。狗狗呢？它们可以感知并处理极小的气味单元——气味分子。所有这些生物都可以把我带入一个全新的

未知世界。但是它们有一个共同点，它们拥有各自的“天线”，确切地说是不同的感觉细胞，使它们可以采集周边环境中的各种变化并发送给大脑。动物对外部环境的感知不是精准的图像，而是大脑根据收集到的信息合成的概念。大脑以感觉细胞抽象处理过的每一个元素为素材在脑海里搭建起一个世界。

那么我们的感官和我们的性格之间有什么联系呢？每一个个体与外部世界交流的“天线”（视觉、听觉、嗅觉等感觉细胞）不都是一样的吗？很可能不是，因为每个个体的感觉细胞在数量和构成上一定存在差异，就像流水线生产的汽车也不完全一样，每一辆车之间一定有细微的差别。对于人类和动物的性格形成起关键作用的是大脑如何处理感觉细胞收集而来的信息，这决定了每一个个体的性格特点。专业的音乐家和外行人的大脑的区别可以很好地说明这一点，音乐家协调手和听觉的大脑区域明显比音乐外行的相应区域更发达。因此这可以说明在演奏音乐和听音乐的过程中大脑的相应区域发生了单独的变化，形成了更多的神经轴突导向因子，促进了神经的生长发育，大脑的重量也会增加。演奏音乐也会刺激老年人的大脑发育，通过音乐刺激生长的神经元会一直存在于大脑中。但音乐和狗狗有什么关系呢？乍一看似乎是毫无关联的两件事，但下面的例子充分证明了信号（也就是音乐）是如何通过我们的感官——耳朵，来影响大脑发育和性格形成的。

您知道吗？

如果想让狗狗服从“坐下”的命令，您和狗狗之间的距离很重要。科学家发现，如果在距离狗狗2.5米远的地方给出口令，狗狗对口令一点反应都没有。但如果主人站在狗狗面前，看着它的眼睛给出指令，它会不假思索地服从。如果主人藏在帘子后面给出指令，狗狗基本也不会服从。由此可见，如果狗狗不肯服从命令，您可以看着它的眼睛清楚地给出口令，它就会乖乖服从了。

如何进入感觉的世界？

您发现很费劲才能看清小号的字。在视力测试时，验光师让您和视力表保持一定距离，要求您读出他指出的字母。测试过程中会要求您读出越来越小的字母，直到您分辨不出。通过您和视力表的距离以及您能读出的字母大小可以计算您的视力。用相似的方式也可以测试狗狗的视力，不过难点在于不能

▸ 西伯利亚哈士奇的蓝眼睛是如此迷人。狗狗眼中的世界和人类完全不同。

直接问狗狗能不能看清字母，但它们可以用其他方式给出答案。

狗狗的视力测试　选择测试可以帮助我们很好地完成对狗狗的视力测试。当然有时候会很耗时，但其实也不是很难。狗狗被带到投影屏幕前，让它们在距离屏幕一定距离的地方坐下，给它们播放 A 和 F 两幅图片。狗狗需要一些时间学会在测试训练中只有靠近 A 时才会得到食物。当然实验中两幅图片的顺序会不停交换，并且会逐渐缩小图片，直到狗狗分辨不出两幅图片的区别。如果狗狗在实验中开始不断出错或者不再靠近某一幅图片，就表明已经到了它视力的极限。我们需要很多次测试来确保实验结果的科学性。通过选择测试我们可以深入了解动物的感觉世界，大多数动物对环境的感知都不同于人类。

为什么感觉如此重要？

想要了解狗狗是如何感知世界的，首先就要能够读懂狗狗的行为。不知道狗狗是如何体验外部世界的话，就会很容易误读它们的行为表现，进而对它们提出过高的要求。下面两个例子可以解释您的疑惑：

辨识色彩 训练狗狗从一堆彩色的盒子里选出红色的盒子，或者从红色的盒子里选出物品这样的训练是没有意义的，因为狗狗根本看不出红色。狗狗分辨不出绿色、黄色、橘黄色和红色的区别，所以它们看不懂交通信号灯，只能通过亮度和位置的区别识别红色的禁行标志和绿色的通行标志。

患有红绿色盲的人眼中的世界可能也是如此，他们无法分辨地图上红色及绿色的点，但是他们依然可以看到彩色的世界，只不过和“普通人”有一点差异。

感知 您很可能非常熟悉第二个例子。人们经常被狗狗无休止的吠叫吵得痛不欲生，而且既没人能告诉我们它们为什么叫，也没有人知道怎么能让它们安静下来，所以我们会很恼火。其实是因为狗狗听到了或者嗅到了让它们感到威胁的东西，但我们并没有发现。人类不能理解它们试图保卫房子或者院子的善意，因为我们感受不到这种威胁。这样一来，很多无法解释的狗狗的恐惧或者害怕的反应就可以理解了。

每一种动物在数百万年的进化中都逐渐拥有了各自的感官，使得它们生息繁衍。最好的例子就是 2004 年 12 月 26 日的印度洋海啸，海啸中人类是遇难最多的大型哺乳动物，大象感受到海啸将来临时躲到了山上。

狗狗是如何观察世界的？

10 位参加测试的“选手”一起来到了弗莱堡的温齐格高中，10 只不同品种、不同性别、不同年龄的狗狗在这里第一次登上舞台。10 位“选手”和它们的主人都很紧张。每一只狗狗单独等候在一间教室里，每间教室里都有一台摄像机记录它们在等待时的反应。这些小明星们不是要拍摄电影，而是要参加一项科学实验。我们想通过实验了解狗狗对投影图片作何反应，它们会感受到什么，因此很有必要把它们的表现用摄像机记录下来。随后会把狗狗带到另外一间教室，把刚才的录像投放在幕布上。实验中有一点很关键：幕布的下端必须紧贴地板，而且图像的比例要和狗狗的真实大小保持一致。

对同类图像的反应 第一个登场的是达斯迪，一只杰克罗素梗。我们给它播放了一只波士顿梗的录像。录像里这只波士顿梗微微歪着头看向房间里。达斯迪走进房间，愣在了原地，看着墙上的幕布。看起来就像两只狗狗在进行眼神的交流。忽然达斯迪伸直前腿，后腿弯曲，做出了明显的邀请动作。达斯迪大声叫着想要邀请录像里的同类一起玩耍。它在幕布前跳来跳去，就像对面真的有一只波士顿梗。太难以置信了！虽然录像没有同类的气味和声音，但是对达斯迪没有一点影响。您可以想象我们有多么期待下一只狗狗的表现。下一个出场的是我的圣伯纳犬维斯拉。

维斯拉慢慢地走进房间，看到了波士顿梗的图像，盯着它看了一会儿，就随意地躺在了幕布前。维斯拉在想什么？它的表现让人捉摸不透。

第三个选手对图像里的狗狗也做出了反应，它朝着图像狂叫不止。数据和分析并没有得出统一的答案，一些狗狗对图像有反应，而另一些无动于衷。

参加测试的狗狗为什么会有如此不同的表现我们不得而知。狗狗的大脑是如何生成图像、如何处理光线刺激的对我们来说也还是一个未解之谜。但这个实验不是故事的结束，相反是我们研究狗狗的视力的开始。

小贴士

您可以把房间里的普通灯泡换成只能发黄光的灯泡。黄光会让房间里其他东西的颜色都变得浅淡。您的手会显得苍白，枚红色的衣服会变成粉白色，胡子会变成黄绿色。您看到的是一个新的世界，这时候您看到的颜色就接近于狗狗眼睛中的世界了。

色彩测试——狗狗看到的世界是彩色的吗？

彩色的碗

您需要给狗狗准备绿色和蓝色的碗各一个。只给它在绿色的碗里放上食物。这样重复 5~10 次之后，狗狗就会记住只有在绿色的碗里才能吃到食物。有人会提出狗狗可以通过嗅觉找到食物。为了检验这一点，改为把食物放进蓝色的碗里，如果狗狗仍然首先选择绿色的碗，那就可以排除狗狗靠嗅觉找食物的可能性了。

变换位置

接下来可以交换两个碗的位置，防止狗狗通过记住碗的位置找到食物。现在实验开始变难了，因为每个颜色都有特定的灰度，有可能狗狗并不能识别颜色，而只能辨识灰度，就像人们一直认为的那样。但是经过改良过的学习测试，还是表明狗狗是认识颜色的，尽管它们的世界不像人类的如此五彩斑斓，但它们的世界也是丰富多彩的。

透过狗狗的眼睛

光线透过狗狗的眼睛被视网膜上的视觉细胞，也就是视杆细胞和视锥细胞所吸收。视网膜覆盖在眼底。视锥细胞感识颜色，视杆细胞识别黑白色觉。视觉细胞被光线刺激后向大脑传送信号。很关键的一点是，和人类一样，狗狗的视觉细胞也分布在视网膜上，而且分布不均匀。视觉细胞分布最密集的地方是动物视觉最敏锐的区域，原理很像数码照相机：像素越高，图像质量越清晰。

狗狗的视网膜显然和人类的不同，人类的视网膜上只有一处视锥细胞格外密集，这个部分被称为视网膜中央凹，这是人类视觉最敏锐的地方。而在狗狗的视网膜上有两处：一处位于圆形中央区，这个区域和人类的视网膜中央凹很像；另一处位于水平中央区，这个区域里视觉细胞的排列就像地板砖一样，一个紧挨一个。为什么狗狗不同于人类，会有两个视觉细胞密集的区域？对此，澳大利亚神经学家艾莉森·哈曼有一个惊人的发现。她检查了很多不同品种的狗狗的视网膜之后发现，嘴巴短的狗狗视网膜没有水平中央区，嘴巴长的狗狗才有。这个结果很令人震惊，并且解释了为什么有的狗狗有更广阔的视野。这在实践中又有什么意义呢？

由嘴巴的长度决定 有水平中央区的狗狗可以看到更宽广的全景，更容易发现周围的猎物，这使它们成为更出色的猎手，所以猎犬的嘴巴比较长并不是偶然。但是没有水平中央区的狗狗能更好地辨别主人的面部表情，并且可以更好地感知立体空间，因为它们的圆形中央区的视觉细胞比长嘴巴的狗狗更加密集，也许这就是斗牛犬、拳狮犬、和其他短嘴巴的狗狗让人感觉更加好斗的原因。当它们注视着我们的眼睛时，我们就融化在了它们的大眼睛里。这个发现大概也可以解释一个争论已久的问题，为什么有的狗狗喜欢看电视，而有的不喜欢。比如斗牛犬喜欢看电视，是因为它们可以看清电视机的画面。

人和狗狗什么时候能看清东西？ 人类能否看清一幅图画或者一个物品，与物品和眼睛的距离以及感觉细胞的排列有关。人类视觉细胞的密度比狗狗大得多，因此可以看得更清晰。

这是怎么回事？人类可以在 4 米开外分清两块同样大小、相隔 0.5 厘米的鹅卵石，但狗狗不能，它们看到的只有一块石头。只有当它们距离石头 2 米远的时候它们才能分辨出两块石头。狗狗的视觉敏锐度只有人类的 50%。狗狗也看不到距离非常近的小东西，这有两个原因：

▸ 长嘴巴的狗狗的远视力优于短嘴巴的狗狗。不要强求猎犬做得像长嘴巴狗狗一样。

首先狗狗的眼睛的晶状体不能适应如此近的距离（调节视力），其次狗狗的视网膜上的感觉细胞过少，不能感知光线。我们和狗狗相遇的时候我们更容易认出它们，但当您不出声地站在远处时，不要指望它们能认出您，它们是看不到您的。只有您向它们挥手的时候它们才能看到您，因为狗狗更容易看到移动的物体，所以当您想要从远处招呼狗狗的时候一定要注意这一点。

立体视觉 狗狗的可视范围有 150 度，远远超过人类，因此狗狗会比人类更早发现从侧面靠近的物体。但狗狗的立体视觉要弱很多，只有 85 度，而人类的立体视觉有 120 度。立体视觉对人类非常重要，这使人类能更准确地估算距离，这个能力使人类成为出色的工具制造者。您可以自己测试这个能力的重要性，您试试看能不能闭着一只眼睛把线从针眼中穿过去!

昏暗的光线　狗狗还有另外一个方面远胜过人类，它们在昏暗的光线下比我们看得更加清楚。它们的视网膜和晶状体在昏暗的环境里能比人类捕捉更多光线，它们的眼底有一层照膜，可以将透过视网膜的部分光线集中后重新反射回视网膜上。狗狗视网膜上视杆细胞的数量是人类的 3 倍,在昏暗的环境下可以显著提高视力。狗狗的祖先——狼，就是凭借这些生理优势成为了出色的猎手。因此狗狗在昏暗的环境里会更喜欢捕猎，它们能够看到您看不到的事物。

灰色的多彩世界　在狗狗的世界里，颜色对于它们并没有像对于人类那么重要，但这并不代表像人们一直认为的那样：狗狗不能分辨颜色。然而它们是可以识别颜色的，只是不像人类那样拥有三种色彩(红、绿、蓝)受体或者视锥细胞。每种视锥细胞可以吸收特定波长的光，视锥细胞分别可以吸收红光、绿光和蓝光。当三种视锥细胞同时受同等强度的光线刺激时，大脑分析得出的颜色效果是白色。如果感受红光的视锥细胞受到的刺激比感受绿光的视锥细胞强烈，大脑中形成的颜色效果是红绿色。我们大脑可以处理数以百万计的颜色效果。彩色电视机的工作原理与此类似。狗狗没有可以吸收红光的视锥细胞，所以它们从来没有看到过天边灿烂的晚霞和火红的落日，它们眼中的世界大概也不如人类眼中的世界一样丰富多彩。虎皮鹦鹉和灰鹦鹉则生活在一个更加色彩斑斓的世界中，它们有四组色彩受体，甚至可以捕捉到紫外线。

和菲利克斯在电影院　只要有可能我会一直把菲利克斯带在身边，即使是去电影院。您还记得吗？菲利克斯是那只得过犬瘟热的牧羊犬。第一次去电影院的时候菲利克斯震惊地、长时间地盯着屏幕。当看到荧幕上巨大的影像时，菲利克斯看到了什么，它又在想些什么？当时我并没有多想，只是很高兴它一直很安静，没有打扰其他观众。但现在看起来事情并不是那样，并且我们了解了更多。如果问菲利克斯它觉得那部电影怎么样，它的回答一定是这样的：它根本没有看到电影，而只是一场 PPT 演示。是什么让人和狗狗的感官印象差异如此之大？原因在于人类和狗狗视角上的感光细胞的惰性和速度存在差异。和狗狗相比，人类的视杆细胞和视锥细胞在接收一次光线刺激后需要更长时间恢复才能再次向大脑传导信号。人类的眼睛每秒钟可以处理 18~24 幅图像。当每秒钟眼睛看到超过 24 幅图像，比如大约 50 幅时，单独的图片就会变成连贯的影像，也就是电影。但是对于狗狗而言，这个速度还不够快，它们每秒钟可以感知 70~80 幅图片，所以人类的电影在它们眼中仍然是一幅幅图片。和人类相比，狗狗的接受体就像是机关枪一样。因此对狗狗来说更容易看到快速飞过来的球并且跳起来接住。整个过程就像电影慢镜头，每秒钟眼睛能看到的图像越多，播放速度越慢。

看着我的眼睛　一场以“狗狗是否可以读懂人类眼神”为题的研讨会在弗莱堡举行了。参加测试的小狗之一是萨姆森，它和主人海柯面对面坐着，左右两侧 2 米处分别有站着两个人，手背在背后，拿着食物。海柯不能扭头，只能用眼神示意萨姆森去吃其中一个人手中的食物。海柯的眼睛看向左侧，萨姆森走向了左边的人，眼睛看向右边，萨姆森就走向右边的人。实验证明，毫无疑问狗狗可以跟随主人的眼睛移动，萨姆森看懂了主人的眼神。狗狗的这种能力成为了我们研究的对象：狗狗可以想象人类眼睛看到的东西吗？

到莱比锡做客　实验在马克思 – 普兰克研究所进行。在这里我有幸观看了生物学家朱莉安·卡明斯基博士进行的一次令人印象深刻的实验。本是实验的志愿者，它对研究人员很顺从。卡明斯基女士和本在一个房间，我在隔壁的房间可以透过玻璃看到一切，但他们看不到我。朱莉安·卡明斯基坐在椅子上，在她 2 米远的地板上放了一块饼干。卡明斯基女士给出口令“坐”，不允许本吃饼干。每次本靠近饼干的时候朱莉安都会大声说“不可以”，这样重复了两三次后朱莉安闭上了眼睛。本偷偷打量朱莉安，但依旧乖乖地坐在原地。本一直不停地看向茱莉安，茱莉安一直闭着眼睛。本能不能明白，即使它偷偷吃了饼干，闭着眼睛的茱莉安也什么都看不到？本的行为表明它似乎是明白这一点的。大约 4 分钟后，本开始用爪子挠地板。行为生物学家把本的这种表现称为“移位行为”。“移位行为”是人或动物在内心冲突时所表现出的行为。但“移位行为”的表现形式与导致移位行为产生的冲突行为没有关系，因此被称为“移位”。本现在陷入了两难的境地：“我应该偷偷走过去吃掉饼干还是继续坐在这里呢？”只要它一直处于矛盾中，就会不停地挠地。但饼干的诱惑太强烈了，大概 10 分钟后本开始慢慢地朝着饼干靠近，腿一点一点地挪向饼干。本的行动和态度让我们觉得，它是明白主人的命令的。就在马上要够到饼干的时候，本迅速地把饼干吃到嘴里然后又重新坐了回去，但是并没有坐回原来的位置。本聪明一世，这时却犯了错误。

罩住头的桶　狗狗显然可以通过气味认出人类，但人的外表对它们有多大影响呢？对于这个问题科学家们曾经做过一个实验，实验结果令人惊讶。狗狗的主人被要求把桶罩在头上，我和我的狗狗泰迪也参加了这个实验。泰迪等在门外，我在房间里，头上罩着桶，四肢着地趴在地上，泰迪被带进了房间。

▸ 太令人吃惊了，当主人的脸被挡住后狗狗就认不出主人了。

还好泰迪被脖子上的绳子牵住了，它完全没有认出我，一进门就朝着眼前这个“不明生物”叫个不停，摆出了攻击的姿态，如果没有绳子泰迪一定会咬我的。很多组参赛志愿者都出现了相同的结果：当主人的头被罩住后，狗狗不再能认出熟悉的主人。不过它们的表现还是有所区别，胆大的狗狗会表现得很凶猛，而胆小的狗狗则想要逃走。主人的气味在实验里丝毫没有起到作用。我们是这样理解其中的原因的：主人的姿势和头上的桶混淆了狗狗的视听，让它们认不出主人。可能在干扰因素的作用下，主人的气味信号被大脑做了不同的解读，在辨认时没有起到很大的作用，但这只是我们的猜测。在这里我想提醒各位家长：孩子和狗狗玩耍的时候一定不要把脸挡起来。

美国科罗拉州立大学著名动物学家泰普勒·格兰丁讲过她一位朋友和她家的拉布拉多狗狗的经历：“我的朋友在工作，她的拉布拉多狗狗趴在旁边。突然她的儿子跑了进来，他穿着黑色的戏服，戴着扎眼的白色面具，面具的表情很惊悚。他们的狗狗一下子跳了起来，像疯了一样朝着小男孩狂吠不止。我的朋友被狗狗的反应吓了一跳，因为她已经听出了儿子的脚步。这件事再次证明，只需要一个细节的变化就可以把狗狗吓到。这只拉布拉多不管小男孩听起来或者闻起来是否熟悉，只要他看起来不一样了，对它来说就是陌生人。”在生活中我们很难判断是什么吓到了狗狗，因为在和人类的共同生活中，它们经常会被各种陌生的事物刺激到。

我的狗狗巴鲁就是一个典型的例子，昨天它又被吓到了一次。昨天天气很好，很多人穿着泳衣在河边的草地上晒太阳。岸边的一对情侣看到我和巴鲁在散步，女孩见到巴鲁很兴奋，友好地和它打招呼，但巴鲁却表现得很不友好，大声地朝着女孩叫。如果我不是读过著名动物心理学家泰普勒·格兰丁的著作《像一只开心的动物那样看世界》的话，我一定会责怪巴鲁。作为一位自闭症患者，这位动物心理学家从不一样的角度去观察世界。她认为自己的视角其实更接近动物，凭我和动物多年相处的经验，我不得不承认她是对的。

▸ 狗狗看到的细节比人类多得多，它们甚至可以跟随我们眼睛的转动，读懂我们的眼神。

动物如何看待世界？ 动物可以看到人类不易察觉的细节，它们是如此注重细节。巴鲁应该也是这样，到昨天之前它还从来没有见过躺在地上穿着泳衣的人。巴鲁注意到了这些细节，坚定地冲着这些它从没见过的“生物”大叫。它没发现躺在地上的女孩是人类，否则它肯定会表现得像平时一样友好。自闭症患者和动物一样可以看到普通人不能或者不愿意看到的东西，我这么说并不是在做比喻。泰普勒·格兰丁在她的书中指出：“普通人会忽略很多东西。”心理学家们的很多实验也证明了这一点。

心理学家丹尼尔·西蒙斯的实验证明，人类对视觉刺激的反应很弱。西蒙斯和他的团队给参加实验的测试者们播放一段篮球比赛的视频，请他们看完后说出一共有几次投篮。就在测试者们认真数数的时候，旁边有一个打扮得像猩猩一样的女人一边看录像，一边敲击自己的胸口。实验结果显示，50% 的测试者根本没有注意到旁边这个女人。其他的实验也都得出了相似的结果。

另外一个实验试图发现，声音和画面在狗狗辨识身份的时候有什么样的作用。实验人员让狗狗听到主人或者陌生人的声音，同时在大屏幕上播放主人或者陌生人的照片，观察它们的表现。当听到的声音和显示的照片——看到主人的照片，而听到的是陌生人的声音——不匹配时，狗狗观察照片的时间会更长，播放主人的照片时狗狗注视的时间最长。但是它们只在声音响起的同时，才会观察屏幕上的照片，不管照片里是主人还是陌生人。这个小实验表明，狗狗眼中的世界和人类眼中的世界是如此不同。明白了这一点会使视角的转换变得容易一些，用狗狗的眼睛观察世界、理解世界以及尊重这个世界，这是建立一段良好关系的前提。用相同的视觉信号训练视网膜结构不同的阿富汗猎犬和哈巴狗狗是极其荒谬的。心理学家们经常指出人们对于狗狗的行为所做的简单错误的解读，人类和狗狗在其他感觉方面也有非常大的差异。

精密的小鼻子

人类惊讶于狗狗、鲑鱼和鳗鱼非凡的嗅觉。鳗鱼可以闻到在相当于 58 个博登湖的湖水中滴入的 1 毫升的 β－苯基乙醇，对于这样的能力人类只能望洋兴叹。但是人类的嗅觉也不是一无是处，我们丢掉了“真正的”嗅觉，也就是说人类的嗅觉退化了。莱比锡马克斯－普兰克研究所的进化生物学家斯万特·帕博研究发现，在漫长的进化过程中，人类 1000 种嗅觉基因中的 1/3 都不再起作用，超过 300 个基因失灵，不过具体哪些基因失灵要因人而异。每个人都有自己独特的嗅觉，就像指纹一样各不相同。科学家估计，人类可以分辨出约 10000

实践

"超级鼻子"大比拼——您的狗狗能追踪气味吗？

香肠小径

第一步，先让狗狗闻一块香肠，给它充足的时间记住香肠的味道。然后把它带出房间。您需要用香肠像粉笔一样在地板上画出气味的痕迹，然后把香肠藏起来。藏好后把狗狗带进屋子，让它找出香肠，它会马上找到您用香肠画出的痕迹。第二步，再让狗狗闻香肠的味道，然后把它带出房间。随后用奶酪沿着之前用香肠留下的痕迹再画一遍。

跟着最浓的气味

画出几米后请把奶酪的痕迹从香肠的痕迹上岔开，您的狗狗会跟着香肠的味道继续走。第三步，请重复此前的步骤，然后用香肠摩擦鞋底，然后在房间里随意走。狗狗最先会嗅您走过的地方，但是不会一直跟着您的足迹，为什么呢？这是因为狗狗可以分辨出气味中气味物质的浓度，它会一直跟着最浓的气味走，鞋底香肠的味道会随着走路越来越淡，所以狗狗只会停在您开始走过的地方。

种气味，但是几乎没有哪一种气味可以用一个词来命名。我们有很多形容视觉和触觉的词汇——红或蓝、大或小、轻或重。然而描述气味的词汇大多和联想有关，例如硫黄味、紫罗兰味，这是因为嗅觉中心和语言中心之间缺少联系。10000 种气味听起来似乎很多，但和狗狗相比就真是小巫见大巫。

探秘气味世界

气味总是和感觉还有回忆交织在一起，一种味道可以埋藏在记忆中很久，多年之后仍然能唤醒我们的喜悦或者悲伤，让人们逃无可逃。直到现在，我都记得慕尼黑海拉布伦动物园猛兽馆里的味道。

听觉和视觉信号会首先被传送到丘脑，丘脑是间脑最大的区域，像是一个控制中心或者过滤器，丘脑会把接收到的信号划分为对身体“重要的”和“不重要的”两种。而嗅觉分子的信息会绕过丘脑，直接沿着进化的古老的神经通道来到大脑皮层，大脑皮层将未知的渴望和情感进行处理。因此，往往原始的嗅觉决定了我们的情感——厌恶、憎恨、热爱或者是喜好。从进化的角度看，嗅觉器官和生物的本能有紧密的联系，事实上嗅觉是第一感觉，70 亿年前水母就是凭借嗅觉获取食物的。一些动物需要 1/3 的大脑容量来处理气味信息。气味的力量如此强大，发情期母狗的气味能让公狗为之发狂。我的狗狗罗比就是个很好的例子，在他生命的最后几年里因身体非常虚弱，走路都很吃力，每一步都走得气喘吁吁，散步也从来走不远。但是我家的母狗狗维斯拉进入发情期的时候，它散发出的气息让老罗比变成了阿多尼斯（希腊神话中，一个每年死而复生、永远年轻的植物神）。

气味要相投

谈到学习，不得不说在我真正明白气味对于动物的重要性之前，我付出了很多的代价，其中豚鼠让我印象最为深刻。我曾经参与过一个实验，测试豚鼠是否能够识别色彩。我们使用了斯金纳箱，豚鼠通过两个按键可以选择颜色。在此没有必要赘述具体的实验过程，但是我要说的是，如果盒子闻起来不像它们平时居住的笼子，豚鼠们就会害怕地缩在角落里。但把它们原先笼子里的草垫放进箱子里后，没过一会儿豚鼠们就放松下来，开始在笼子里四处探索。这时它们才做好了学习的准备，很快，豚鼠们就学会了在不同颜色的灯亮起来的时候按不同的键。无论狮子、马、狗狗还是猫，在训练的时候都要确保气味要相投。在训练狗狗的时候我们经常忽略了嗅觉的作用，这是因为人类是视觉动物，因此很难把自己带入到狗狗的气味世界，这个世界对人类太过陌生，所以我们训练狗狗识别手势，训练它们的灵活性。但是也许通过气味进行训练更能激发狗狗的潜能。人类对狗狗的嗅觉能力知之甚少，都是因为我们自己是视觉的“囚徒”。但是出人意料的是，地球上没有哪一种生物可以像人一样散发出如此多的气味，大概是因为动物们自身的气味不像人类一样强烈且特殊。或许只有臭鼬可以和人类媲美，臭鼬把臭气作为武器，当它遇到危险时，它会向敌人释放出恶臭的液体，闻起来像大蒜和硫化物的混合，或者说像臭鸡蛋一样的味道。被臭鼬教训过一次的狗狗，只要再看到臭鼬就会远远躲开。维斯拉从来没有遇到过臭鼬，但是它害怕一些特定的气味，例如硫化合物亚硫酰氯或者硫化氢，一闻到这种气味它就会逃走。

人类自己散发出的味道似乎已经很多了。超市的货架上有各种各样的止汗剂，可以掩盖腋下的汗味。每个人肯定都经历过口臭会让人多困扰。人类的皮肤下布满了汗腺和皮脂腺，可以分泌水等化学物质。即使是生殖器官也会散发气味。

不管您愿不愿意，每当我们接触东西的时候都会留下气味标记和皮肤碎屑。无论在哪里，气味都会像云朵一样围绕在我们身边。随时随地，我们的身体都在散发着气味分子，只不过有时多一些，有时少一些，取决于当时我们在做什么。人类身体和衣服散发出的“香水”包含着我们身体内在状况的特定信息，对于狗狗来说或许这种“香水”就是我们的性格。早在1943年，我少年时代的偶像伯恩哈德·格日梅克教授就提出了这种推测。

《动物心理学》杂志中曾刊登过尼曼德博士的一项研究：“参加实验的8只警犬全部都把穿着它们主人衣服的陌生人当作了

您知道吗？

狗狗可以嗅出癌症的气味。一个由美国和波兰科学家组成的研究团队让五只狗狗在16天内通过呼吸样本分辨健康的测试者和患有癌症的测试者。五只狗狗成功分辨出了88%的乳腺癌患者和99%的肺癌患者。

主人。主人们交换了外套之后，参加测试的21只狗狗中的18只，把穿着主人外套的陌生人当作了主人。第一次见到没有穿衣服、低头坐在凳子上的主人时，大多数狗狗都辨认不出来。实验人员推测，狗狗靠衣服上的味道，而不是身体的气味来辨别主人身份。"

虽然不能和人类相比，但是狗狗也有强烈的气味。第一次见到维斯拉的时候我闻不到它身上的气味，只有非常靠近的时候才能闻到，那是一种不怎么美妙的味道。感谢上帝，人类的气味受体，或者说嗅觉细胞，在接收到一种陌生的气味时只在最初的一段时间内反应灵敏，随后就失灵了。我和维斯拉之间也是这样，一段时间之后我就闻不到它身上的气味了，忍不住作呕的冲动也消失了。我的嗅觉受体习惯了维斯拉的气味，不再向大脑传输它的信号，尽管空气中的气味分子浓度并没有发生变化。

人体的这种机制或许是为了避免人类闻到过于刺激性的气味，毕竟我们可以闭上眼睛不看，可以捂住耳朵不听，但只要我们呼吸，就躲不开气味。

气味如何酿成经历？

我用绳子牵着维斯拉在树林里散步，维斯拉仰着头，用鼻子使劲儿嗅着，鼻翼不停翕动，可以清楚地看到它的呼吸。一束气味分子回旋着穿过无数细细的嗅毛，嗅毛是鼻腔嗅细胞表面毛发状的突起，它们是连接大脑和外部世界的纽带，嗅黏膜上有嗅觉受体，可以捕捉特定的气味物质。嗅觉受体一旦捕捉到了气味物质，它所属的嗅细胞就会向相连的神经细胞发出信号，在这里会对气味物质进行第一次计算和评估，然后由神经元把信息传递到嗅觉大脑皮层。维斯拉的大脑里就会浮现出鹿的气味图像，如果不是被绳子牵着，维斯拉肯定会去追赶它们。

狗狗发达的嗅觉 哺乳动物的嗅细胞分布在鼻腔深处的嗅

▸ 归功于发达的嗅觉，狗狗可以把混合在一起的不同气味分辨出来。

黏膜中。人类的嗅黏膜区域很小，大约只有 5 平方厘米。牧羊犬的嗅黏膜区域是人类的三十倍大，约 150 平方厘米。人类拥有大约 500 万个嗅细胞，狗狗大约有 20 亿个，并且狗狗的大脑嗅觉控制中心是人类的 7~14 倍。狗狗大脑的 1/3 都用来处理嗅觉信号，而人类大脑的嗅觉区域大概只占 1/20。

1 毫升空气中只要有 50 万个醋酸分子狗狗就可以闻出来，而人类至少需要 5000 亿个，和狗狗相比人类的嗅觉不值一提。把这些数字折算成游泳池的话，我们就会马上意识到狗狗的嗅觉到底有多灵敏。只要在奥运会使用的标准（长 50 米，宽 25 米，深 2 米，容积 250 万立方米）游泳池中滴入 1 毫升醋，狗狗就可以闻出来。

狗狗作为人类的好帮手
——这些四条腿的朋友可以提供很多有价值的帮助

很久以前人类就开始利用狗狗灵敏的嗅觉。最初狗狗主要被用来追踪痕迹，现在狗狗凭借它们灵敏的嗅觉帮人类完成更多的工作，例如作为缉毒犬寻找毒品，帮助医生在早期确诊特定种类的癌症，搜救失踪人员或者作为警犬帮助打击犯罪。

威斯特法伦地区的小城施洛斯霍尔特－斯图肯布罗克因为一所学校而与众不同，这里坐落着专门训练优秀警犬的北莱茵－韦斯特法伦州警犬学校。这所学校的学生都必须拥有极其灵敏的嗅觉、快速的反应能力以及出众的嗅觉记忆。它们的任务非常困难，下面的例子是我们拍摄电影时，警犬学校的一位警官向我讲述的：

狗狗在犯罪现场

一天清晨，警察局接到报警电话，警察们来到了一个血腥的犯罪现场。前一天晚上下了一整夜的暴风雨。路边躺着一个黑头发的年轻女子，头上有很重的伤口，旁边倒着一辆自行车。这是谋杀还是意外？保险起见警察提取了现场所有能够获得的痕迹，但是由于前一晚的暴风雨，现场的痕迹被雨水破坏了，有价值的线索不多，没有发现陌生的 DNA。只在死者的头皮里发现了指纹和微量的皮屑。这个案件一直悬而未解，直到一年后在另外一起案件中抓获了一名嫌疑人。这名嫌疑人的指纹和被害的年轻女子头上发现的指纹吻合。在警犬的帮助下这名嫌疑人才被定罪，因为其他所有生物化学证据由于雨水的原因都无法获取。

气味痕迹指向罪犯

狗狗是分辨气味痕迹的大师，它们可以捕捉到混合气味，对其进行分析并且把不相关的气味过滤掉。它们可以把不同的混合气味进行比较，找出其中相同的部分。经过训练的警犬拥有识别特定气味的能力，可以和人类通过照片识别人像的能力相媲美。气味痕迹比较分析是一种有效的定罪辅助手段，它以每个人独特的气味形象为前提，每个人的气味由基因决定，受变化的外部环境影响，会通过身体排泄物和血液留在其他物体上，并且可以被检测出来。

皮肤接触留下的汗迹有着特殊的意义，实践中该如何检测呢？

实验准备

按照警察办案要求的规定，除嫌疑人外，痕迹检测还需要 6 个比照对象。嫌疑人和六个比照对象每人手握一根方形金属管，这样所有人的气味痕迹就会留在金属管上。当然实验前需要通过特殊方式对金属管进行处理，使它没有任何气味。

痕迹比对

测试人员接触过的金属管被放在金属工作台上，工作台上的装置可以使每一个金属管都依次固定在台面上。所以展示在狗狗面前的就是 7 根金属管固定在一个金属工作台上，嫌疑人接触过的金属管被随机混在其中。为了排除训导员对狗狗的影响，他会待在其他地方，并不在场，训导员也不知道嫌疑人接触过哪根金属管。现在是警犬上场的时候了。首先让它闻一根嫌疑人接触过的金属管，现在开始！警犬沿着工作台走过去，闻了每一根金属管。我们看到，警犬来来回回很多次闻金属管上的气味。警犬现在在想些什么？它在比较嫌疑人和其他人的气味，它的大脑在把记忆中的气味图像和金属管上的气味图像进行对比。当它来到嫌疑人接触过的金属前时，记忆中的气味图像和眼前的气味图像重合，它叫了起来，同时又挠又咬金属管。作为奖励它可以带走金属棒玩耍。为了确保准确度，3 只警犬分别进行了气味对比。

▸ 狗狗救生员：雪地救援犬可以找到被埋在雪下的人并提示救援人员。

▸ 水上救援犬：救援犬可以借助特殊的装备把溺水的人固定在身上，然后带回岸边。

狗狗的报纸

在狗狗的世界里，尿液就是它们的“报纸”。人类的报纸用醒目的标题和小字传播消息，狗狗的尿液也有一样的作用。每一只狗狗都对同类的排泄物感兴趣，它们通过尿液的气味可以了解同类的状况。尿液就像一个蓄水池，汇集了同类的信息源以及性别激素、应激激素等。通过尿液狗狗可以知道雌性同类是不是做好了交配的准备，是不是有一个强壮的雄性从这里经过，或者一个留下痕迹的同类可能生病了，不同的信息就是以这样的方式传递的。除此之外尿液还有标记领地的作用——到此为止，不要过界。狗狗通过尿液宣示对领地的占领，告诉同类不要跨过界线。美国科学家亚历山德拉·霍洛维茨认为，狗狗通过尿液标志领地，宣示占有的观点是错误的，她在《狗狗在想什么？》一书中介绍了一项关于印度野狗的研究：“雌性和雄性野狗都会用尿液做标记，但是只有 20% 的标记用来宣示领地。标记会随着季节的变化而变化，在交配和捕食时最为频繁。”

这项研究驳斥了狗狗用尿液标记领地的观点，认为只有很小一部分狗狗会在房间里做记号。我不同意霍洛维茨的观点，因为在动物界中用尿液做记号是很普遍的现象。气味是很理想的信息传播媒介，因为它保留的时间更长。即使旧的气味信息也可以被其他同类发现，仍然包含着一些信息。

小贴士

盐是维持生命必需的矿物质，对狗狗也不例外。但是摄入过多盐分会影响狗狗的健康。狗狗对盐的味觉相对迟钝，即使是煮熟的食物对狗狗来说也只有很淡的咸味。

一切都是口味的问题

为什么我们会觉得一些菜肴美味无比，而另一些难以下咽？这个问题并不是那么容易回答。很显然人类的味觉不单单由舌头上的味蕾决定，在人的舌头上大约有 5000~10000 个味蕾，每个味蕾中有大约 25 个味细胞和多个支持细胞。识别味道是一项很难的任务，味蕾工作 14 天后就会死亡，需要由新

▸ 足够了解狗狗的人可以根据狗狗的叫声判断它想表达什么。

的味蕾来代替。老年人的味蕾会减少到 2000 个左右，随着年龄的增长，人的味觉会逐渐变得迟钝。人类的味蕾明显少于猪（15000 个）、兔子（17000 个）和牛（25000 个），难道这些动物才是美食家，而非人类吗？对此我们也不得而知，因为每一道菜肴，不管美味还是难以下咽，都是和菜肴的气味混合在一起的。您可以自己试一下，当菜肴距离您鼻子非常近的时候，都会失去它原本的味道。

狗狗喜欢吃什么？ 和人类相反，狗狗的味蕾很少（1700 个），但这并不代表它们的味觉就不够差异化和多样化，毕竟它们有非常灵敏的嗅觉，也许它们的嗅觉和味觉的共同作用可以在大脑中形成人类无法想象的味道。和鼻子相比，舌头是一个不怎么起眼的感觉器官，在舌头上有分辨酸甜苦咸的味蕾。直到不久前科学家才发现了第五种味蕾，并以日语 Umami 命名这种味蕾，Umami 的意思是美味，尝起来像肉的味道。很多实验证明，人和人之间的味觉差异非常大。有些东西一些人尝起来觉得苦涩，而另一些人却觉得没有味道。所以说味道其实是个人爱好的问题，而且会随着年龄发生变化。

这就可以证明，既然很难根据自己的口味推断别人的口味，那么根据人类的口味推测狗狗的口味当然就更难了。但是根据我的经验，我养过的狗狗都曾经有、现在也有不同的口味偏好。这是有其存在意义的。为什么动物在进化过程中会有不同的味觉呢？我经常会给我的狗狗不同味道不同成分的食物，这样有益于训练它们的味觉。您愿意每天吃同样的东西吗？和大多数哺乳动物不同，狗狗没有咸味的味蕾。每一种味觉受体都由信息传递通道与大脑相连，把感受到的味道传递给大脑皮层，甜味代表着有营养的食物，或者苦味可能代表有毒的食物。如果大脑判断是有毒的食物，就会迅速发回呕吐的信号来防止最坏的情况。因此，味觉是动物摄取营养的化学监控器。

狗狗的听觉世界

对于像老鼠这样的小型哺乳动物很难逃过狗狗的耳朵，它们就像雷达屏幕一样扫描着周围的声音，没有什么能逃过它们的耳朵。狗狗的听觉显然比人类要好得多，与人类相比，它们可以在距离更远的地方定位两个声源，并且它们能够听到的声音比人类还要细微 10 倍，这使得它们更容易找到猎物的踪迹。这要归功于狗狗直立的、可以转动的耳朵，只要转动耳朵，就可以比人类接收到更多声波，即使垂耳狗狗也有同样的优势。狗狗还可以听到老鼠的窃窃私语，因为老鼠发出的声音属于超声波的范围，这个范围内的声音人类是无能为力的，但是狗狗仍然可以听到。狗狗可以听到 20~40000 赫兹的声音，人类听到声音的范围在 15~20000 赫兹，不过这并不是像很多人以为的“狗狗的听力比人类的要好”，只是说狗狗能听到声音的范围更广。听力的好坏与听觉的敏感度有关，取决于能够刺激听觉细胞，向大脑传输信号的最弱的声音强度。主观听觉灵敏度取决于声音的频率，人类听不到次声波（低频率）和超声波（高频率），想要听到这两类声音我们需要借助扬声器。人类的耳朵对 2000~4000 赫兹的声音最为敏感，如果我们的耳朵再灵敏一些，就可以听到热噪声和空气分子碰撞的声音。为了让您进一步了解耳朵的灵敏性，我们在这里绕一个弯，向您介绍一些关于耳朵的解剖学和生理学知识。

▸ 狗狗的耳朵可以转动，就像喇叭一样。即使垂耳狗狗也有同样的优势。

听力的原理 声音经耳道传输至末端的鼓膜，撞击鼓膜引起鼓膜震动。鼓膜上附着着由三块听小骨形成的听骨链结构，鼓膜震动时听骨链也随之震动。听骨链对内耳前端前庭窗的活塞样作用导致内耳耳蜗内的淋巴液产生“涟漪”,“涟漪”的“扩散”引起基底膜的震动。

基底膜支撑着科尔蒂器，科尔蒂器上附着有毛细胞。不同频率的声音会引起基底膜不同部位的震动，随着震动相应的听觉细胞就会被激活。

狗狗可以听到什么？ 通常在交谈的时候，声音保持在我们最容易识别的频率，狗狗也能很轻松地听到我们所说的每一句话，它们对这个频率的声音同样敏感。狗狗可以听到频率在 64~2000 赫兹的声音，频率在 3000~12000 赫兹、5~15 分贝的声音它们也能听到，而人类就只能望尘莫及了。狗狗对 8000 赫兹的声音最敏感，而在这个频率上人需要很大声才能让对方听到。显然人类的听觉没有狗狗的听觉灵敏。斯坦利·科伦在他的著作《狗狗如何思考和感知》中是这样描述的：“当我们说 schwimmen, schwach 或者 schwer 这几个词时都带有‘sch’的发音，这个音对大多数人来说频率在 2000 赫兹左右。如果只发‘ssss’的音，听起来像蜜蜂的嗡嗡声，这个声音的频率大约是 8000 赫兹。我们觉得这个声音很小，而对狗狗来说恰恰相反，在它们听起来这个频率的声音非常大。”您可以和您的狗狗试试看。狗狗对高音调的声音比人类更敏感，这也解释了为什么巴鲁害怕吸尘器的声音，第一次听到的时候巴鲁吓得马上从屋子里跑出去了，不过现在巴鲁已经克服了对吸尘器声音的恐惧。吸尘器、割草机和其他电动设备都会发出高频率的震动声，人类感觉不到，但是会吵得狗狗耳朵疼。

人类可以听到的声音狗狗大多数也能听得到，但是像前文提到过的，狗狗还能听到超声波，我的狗狗维斯拉就是其中的

小贴士

如果用较高的声调给出口令，狗狗会更容易明白您的手势，比如您用手指向想让狗狗取回来的物体，还需要用较高的声调给出口令。

▸ 如果狗狗觉得孤单就会经常嚎叫，不过一些特定的声音也会让它们嚎叫，比如汽笛。

听力测试——狗狗区分声音的能力如何？

“过来”的声音

您可以训练狗狗在听到特定声音后过来吃食物。首先让您的狗狗坐在距离您 3~4 米的地方，然后用竖笛吹出特定的声音，吹完后让它走过来并且把食物给它。几次练习后狗狗就会明白听到特定声音后就应该走过来。

区分不同的声音

狗狗也可以轻而易举区分两个或者多个不同的声音。在吹完狗狗熟悉的声音后，您可以再继续吹出其他的声音，吹完后可以抚摸它，让它把这个声音和抚摸联系在一起。您很快就会发现狗狗可以很好地区分不同的声音。我和我的狗狗泰迪也进行了这个小测验，它一直做得非常好，直到我吹出了一个很高的音，它就开始像狼一样嚎叫。

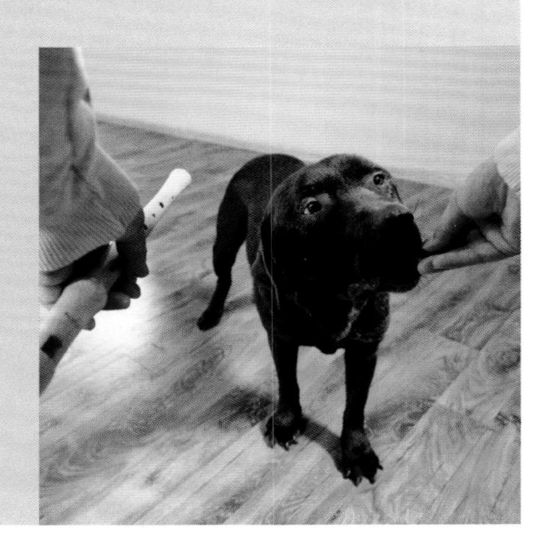

高手。一天深夜，四周一片寂静，维斯拉突然跳起来跑到了花园里的鸟舍旁，鸟舍里住着 30 只虎皮鹦鹉。维斯拉听到了老鼠的声音，老鼠们又想偷鸟舍里的鸟食，但是它们却忽略了维斯拉的存在。人类利用狗狗能听到超声的能力研究出了神奇狗哨，可以发出超声波。

我们已经解释过狗狗的听觉有多么敏锐，但是它们到底可以听到什么，就是另外一件事了。

生物进化过程中，视觉的出现早于听觉。生命刚出现的时候，地球上一定是寂静一片，除了隆隆的雷声、火山喷发的声音、潺潺的水声和风的呼啸外，没有其他声音。直到动物有了听觉，随后才能发出声音。动物第一次发出的声音是什么样的，我们不得而知。无论如何，那都是一段令人难以置信的新世界的开端，那是动物语言诞生的时刻。动物有了全新的沟通方式，可以发出声音进行交流。动物为什么会发出声音？前东德著名行为研究学家泰姆布鲁克教授认为，动物发出声音是为了吸引同类或者赶走竞争的同类或者其他敌人。这个观点可以解释狗狗的行为吗？或者还有更多值得探究的原因？

叫声不只是叫声

在过去的两年中，维斯拉的身体每况愈下，我和它之间建立起了格外深厚的感情。它的疾病让它受到了诸多影响：

- 有时候它的后腿没有力气支撑它站起来。
- 侧身躺着的时候，它无法把一条腿放在正确的位置站起来。
- 它的两只脚出现了变形，脚底不能踩在地面上，而是朝上翻转。
- 半夜它经常站在通往花园的门前想要出去，可能想去排泄，可能想去喝水，也可能只是想呼吸一下新鲜空气。

不管它想干什么我都会帮助它，直到我注意到在不同情形下它会发出不同的叫声：当它因为无法移动腿，无助地躺在地上的时候，它会发出低低的呜咽，像在哭泣；当它想去花园的时候它会发出低沉的咕噜声。通过它的叫声我可以判断它的意图。我的妻子有很好的音乐天赋，我请她帮我确认我对维斯拉叫声的归类是否正确。她像我一样把维斯拉的每个叫声进行归类，我们分别独立观察维斯拉的行为，记录它

▸ 找到了一块大骨头。个子这么小的狮子狗狗该拿这么大一根骨头怎么办？它还是会啃得津津有味的。

相应的叫声。我们的记录结果惊人的相似，90% 的归类都是相同的。

我和我妻子所做的当然不是严谨的科学实验，那样的话还需要录下维斯拉的声音，超声检查也必不可少。我的朋友兼同事多丽特·菲德森－彼得森博士在数年前就开始致力于研究狗狗、狼和澳洲野狗的声音、表情交流，在这个领域里她是当之无愧的专家。她在《狗狗的心理学》一书中写道："研究证明，叫声是互动性、差异性的交流。狼的叫声结构和功能在驯化过程中发生了显著的变化，显然这些变化对于被驯化的狼在和人类的共同生活中是有利的。"维斯拉就是通过声音向人类寻求帮助的。这对人类来说很轻松，但是对维斯拉却十分复杂，首先它要了解自己的身体状况，然后学会用不同的叫声表达出来，这样才能让我正确地帮助它。维斯拉平时从来不会发出这些声音。

性格决定叫声

配合着不同的行为巴鲁经常会叫，它是在我养过的狗狗中最喜欢叫的一个。想和朋友出去玩儿的时候会叫，向同类发出警告的时候会叫，有陌生人进入院子的时候会叫（保护领地），挑衅的时候会叫，激动的时候也会叫。显然巴鲁很容易激动不安，然后就会大叫不止。和维斯拉相比，巴鲁显得更胆小。巴鲁经常叫是因为它容易感到不安吗？一直以来有很多学者持这种观点。如果我只养了巴鲁一只狗狗，我也会相信这个推测，但是通过维斯拉和我养过的其他的狗狗，我发现狗狗还会因为别的原因叫，比如想和同类或者人类进行交流。狗狗叫的原因有很多，在不同的情况下有不同的原因。

寡言少语的泰迪 泰迪比我见过的任何一只狗狗都要有“自我意识”。它很少会发出叫声，激动、害怕、挑衅，这些情绪泰迪几乎都不会有。只有当它受到攻击的时候，它才会保护自己。但这种事也很少发生，因为其他狗狗一旦越界泰迪马上就会反击，让它们知道惹到了谁。泰迪来到我家的时候只有 11 周大，直到它 13 个月的时候我才第一次听到它的叫声，我们一度以为泰迪根本不会叫。不管怎样我开始担心，因为我不知道泰迪是不是生病了，或者有什么别的问题才让它很少发出叫声。一件偶然的事情打消了我的担心。一天我和泰迪散步的时候遇到了两只法国伯瑞犬，它欢快地朝着它们跑了过去。没有一点征兆，两只伯瑞犬攻击了泰迪，凶猛地撕咬泰迪。我用一根棍子吓退了两只伯瑞犬，把泰迪从撕咬中解救了出来。泰迪夹着尾巴跑到我身边寻求庇护。两只伯瑞犬明白，有我在它们不可能再伤害泰迪，就放弃了进攻。晚上泰迪睡觉的时候做梦了，它在睡梦中不停地叫，手脚乱动。在随后的两个月里泰迪经常在梦中发出叫声，后来我们就再也没有听到过了。我确定泰迪梦到了那天的经历。我不明白，也无法解释为什么泰迪和同类相比如此“沉默”，也许是因为泰迪身上还遗留着它的祖先狼的基因，和狗狗相比，狼极少发出叫声。关于叫声多丽特·菲德森－彼得森博士是这样认为的：“主人需要能够辨别狗狗的不同叫声，这一点对驯狗以及与狗狗正确进行交流很重要。狗狗的叫声有不同的含义。”

狗狗不仅仅会发出叫声 今年夏天我们的肯尼亚朋友帕梅拉来拜访我们。帕梅拉知道我家有两只大块头的圣伯纳犬，而且没有关在狗舍里，可以随意在屋子里和花园里玩耍。但是帕梅拉一点都不害怕它们，相反，她发自内心地喜欢它们。维斯拉感受到了帕梅拉的善意，它的回应也很直接——友好地摇着尾巴，靠在帕梅拉身上让她抚摸自己的毛。而巴鲁呢？巴鲁显得很困惑，它的老大维斯拉竟然允许一个有着完全不同外表的陌生人进入了房间，没有用叫声示警也没有警告她。这是巴鲁从来没有看到过的情景，巴鲁躲到了别的房间。我们坐在客厅里聊天，维斯拉卧在我们脚边，巴鲁突然走进了客厅，它盯着帕梅拉的脸看了好几分钟，房间里安静极了。巴鲁自出生以来，从没

知识点

关于感觉的专业名词的简易讲解

· 接受体
会对外部刺激作出反应的特殊细胞。

· B-苯乙醇
也被称为2-苯乙醇，是一种玫瑰味的乙醇类化合物。

· 谷氨酸
谷氨酸使鱼、肉、蔬菜和水果的味道更加浓郁，被广泛应用于食品加工业。

· 前庭窗
前庭窗是位于中耳和内耳之间的一层薄膜，它可以把听小骨的震动传导至内耳淋巴液。

· 基底膜
基底膜把内耳耳蜗中的淋巴液分为两部分，前庭阶外淋巴液和内淋巴液。毛细胞位于基底膜中。

· 科尔蒂器
科尔蒂器由很多毛细胞构成，毛细胞在淋巴液震动的作用下会弯曲，在科尔蒂器中声音会被进行分析。

见过深色皮肤的人类，它很吃惊，同时我们对它的表现也很惊讶。忽然巴鲁发出了欢快的、友好的叫声。巴鲁的叫声不是随意的，而是用一种我们从没听过的语言，想要告诉我们什么。问题就是，它想说什么？

在哺乳动物中狗狗是用声音交流的大师。在这个方面它的野生近亲狼、郊狼、亚洲胡狼、野狗都不能与之媲美，它们的声音不像狗狗一样富于变化。狗狗可以咆哮、呜咽、低吟、哀泣等等，人类通常意识不到狗狗的声音如此丰富多样，总是简单地用“叫声”来概括。狗狗最常发出的声音是什么？多丽特·菲德森－彼得森博士认为是咆哮声。为什么狗狗和它的野生近亲们相比有更多的叫声？

很久以前狼就被人类驯化成了狗狗。人类把挑选出的雄性和雌性进行交配，直到人类需要的特征逐渐固定下来。人类不需要狼的表情，因此在驯化中狼的表情特征逐渐被忽略。狼有很丰富的面部表情，它们能通过鼻梁、嘴角、嘴唇、额头、耳朵、眼睛、额头的褶皱做出将近 60 种表情用来交流。但德国牧羊犬只有 12 种表情。多丽特经过研究发现，和狼相比狗狗的面部表情明显减少了很多，但是叫声更加丰富。她写道：“看起来是这样的，在交流中狗狗缺少面部表情的遗憾被叫声的丰富多样平衡了。”但是在从狼驯化成狗狗的过程中有一点很重要，不管狗狗是什么样的外表和品种，它们都应该是人类的伙伴，都应该能够理解人类的命令、语调以及手势。从这个角度看，人类根据自己心中的形象创造了狗狗，但是这其中还隐藏着无数的谜团，因为大自然用完全不同的方式创造了我们忠实的朋友——狗狗。对我们而言，虽然人和狗狗对外部世界的感知有这么大的差异，但仍然可以友好地相处，这是人类的大脑和狗狗的大脑共同的成就。了解狗狗和它的内心世界，就像是一场奇妙的探险，不过探险都需要我们付出努力。

狗狗可以思考吗？

一直以来总是有人以“造物主最伟大的杰作”自居，他们不承认动物也有思考能力和智慧。但是，关于动物的研究可能会让您大跌眼镜，因为研究结果表明，动物，当然也包括狗，和人类一样是可以思考的。

有事实为证

即使在人和人之间，想了解他人的内心世界也是一件很困难的事，更何况人和动物之间不能进行语言交流，因此对人类而言，动物的内心世界似乎是不可捉摸的。但是科学家已经找到了探寻动物智慧和思想的路径。虽然不得不承认，狗狗不属于动物界中最聪明的族群，但是这并不是因为它们能力不佳，而是由于我们人类的原因。在人类与狗狗的关系中，很多人关注的重点在于狗狗的驯养，也就是说狗狗必须服从主人的命令，不能过于跳脱。在这样一种服从关系中，狗狗的创造性和思想显然是种负担，狗狗是否有创造力，是否有思想，从来不是人们关心的问题。狗狗的这些方面一直都被忽略了。但事实上，狗狗是一种非常聪明的动物，人类一定要好好加以利用。一只名叫弗里茨的杜宾犬接受了一项干扰测验，面对干扰它不断修正自己的行为，避免重复相同的错误，这足以证明狗狗是有智慧的动物。

弗里茨会改正它的错误　对于弗里茨来说，跳过练习场地上的障碍物不费吹灰之力。当然，它需要一点时间学会听从主人兼教练萨拉的口令，完成规定动作。萨拉给出口令“取”，弗里茨按要求应该首先跳到障碍物的另一侧，找到一个玩具绳结，然后咬着绳结再跳过障碍物回到主人身边。完成最后一个动作后，弗里茨骄傲地把战利品放在萨拉脚边。它的跳跃动作非常标准，这一套测验动作弗里茨很快就完全掌握了，而且它看起来也乐在其中。很快就迎来了正式的测验，测验由一个官方的裁判组主持。萨拉后来承认，虽然完全没必要，但她当时是有些紧张的，而且萨拉的紧张情绪也影响了弗里茨。弗里茨完美地完成了第一次障碍跳跃，而且也按照要求找到了绳结，但在返途中，它原本应该再次跳过障碍，但它却绕过障碍物跑向了萨拉。很不幸测验失败，弗里茨没有通过测验！突然令人吃惊的一幕发生了，弗里茨即将跑到萨拉身边时犹豫了，它看着主人，然后转身跑回了障碍物。跑到返程的起点，弗里茨飞身跃起，跳过了障碍物，重新完成了规定动作，并且弗里茨一直紧紧咬着绳结往返两次跳跃障碍，弗里茨终于按照测验要求，成功地把绳结带给了萨拉。观众很明显地看出弗里茨意识到自己犯了错误，然后重新跳过障碍，试图改正错误。弗里茨的表现让裁判组犹豫是否应该让它得分，它显然明白任务的目的。但是最终裁判组还是决定，规则就是规则，狗狗也应该遵守规则，他们给弗里茨打了零分。

从另一个角度看，我们可以认为弗里茨不经意中展现了它的内心世界。它一定是从训练中领悟到了什么，否则它在比赛中试图重新完成任务的行为就无法解释了，不过这一点也缺乏充分的证据证明。最常见的质疑观点认为，弗里茨的行为只是在特定条件下观测到的结果，不得不承认并没有足够的证据反驳这一质疑。不管怎么样，至少只要训练员给弗里茨一个示意的眼神，它就会毫不犹豫地跳过障碍物。好了，我们不要打扰弗里茨了，还是跳出这一次测验的结果，到更多的科学文献中去寻求结果吧。

一只会数数的寒鸦　这次故事的主角是一只寒鸦。库尔特・希曼

▸这只蝴蝶犬在努力进行灵活性训练。训练之后没有安排智力测验。

在弗莱堡的一家动物学研究所工作，他和奥托·科勒教授共同进行研究，他们的课题致力于研究鸟类是否会数数。希曼又在观测记录对寒鸦进行的一项实验。实验人员会给寒鸦看一张有五个点的小卡片，寒鸦应该根据卡片的提示数出 5 颗谷粒。

实验规则都遵循一个基本框架，将一堆谷壳分成几组，每组都用硬纸板盖住，在纸板上用不规则形状的橡皮泥点随意标记为不同的数字，按照实验要求寒鸦要从中选出橡皮泥数和谷壳数量匹配的一组，例如 5 个。科勒教授首先要教会这些寒鸦学生“认识”数字卡片，也就是实验里那些带着橡皮泥点的卡片。寒鸦“认识”了数字以后就可以开始进行正式的实验了。在一次实验过程中发生了一件很有趣的事，按照要求，寒鸦应该数出数字“5”，也就是吃掉 5 颗谷粒。在第一个小碗里有 1 颗谷粒，第二个碗里有 2 颗谷粒，第三个碗里有 1 颗谷粒，一共 4 颗，寒鸦还需要 1 颗谷粒，但它还是穿过门离开了试验场地。突然寒鸦转过了身，跑回了试验场地，按照实验流程重新来过。在第一个有一颗谷粒的碗前它点了一下头，当然碗是空的。在第二个碗前它点了两次头，在第三个碗前点了一次头。它在计算，差不多是在思考，重做一次就会有不同的结果。没有一丝犹豫，寒鸦接着打开了下一个碗，不过这只碗是空的。寒鸦没有气馁，继续检查下一个碗，终于找到了最后一颗谷粒。现在任务完成了，寒鸦离开了实验台。寒鸦大脑中的计算过程显然比它点头的行为更难以解释。有没有原始的证据可以证明习得的行为比机械行为的重复更有价值？这只寒鸦显然在大脑中把实验任务重复了一遍，极有可能杜宾犬弗里茨在测验时也是这样做的，只不过它没有点头而已。如果在动物自己的世界里，它们是不是可以意识到它在做什么？这是一个让我一直很感兴趣的问题。

狗狗是否知道它在做什么？

如果有同伴在身边，狗狗是否能够更好更快地解决问题呢？我们想在弗莱堡的研讨会上弄明白这个问题。为此，我们设计了一系列的实验，包括柯拉在内的狗狗们需要把一个 1 升的塑料瓶翻转过来，但这个任务并不简单。瓶子底部粘着一块直径 10 厘米的圆形硬纸板，看起来像一顶礼帽（实验参见第 154 页），想要弄翻这个瓶子并不容易。狗狗们仅仅用鼻子是不可能把瓶子翻转过来的，如果爪子踩到了瓶子底部的硬纸板就更加不可能了。我们在实验中设计这些障碍是为了确定在旁边观察的狗狗是否能够从同伴的行为中汲取经验或者教训。狗狗如果完成了任务，2 米外一个倒扣的篮子会被拉起来，狗狗可以在篮子下面找到一块小饼干作为奖励。瓶子和篮子都在狗狗的视线范围内。一个小意外出现了，一只叫糖果的澳大利亚牧羊犬来到了实验场地，柯拉刚刚成功完成了任务，糖果一直在旁边看着。当糖果试着去翻转瓶子的时候，柯拉的主人夏洛特松开了它的绳子，柯拉马上跑到瓶子旁边，威胁地向糖果露出了牙齿，不许糖果靠近瓶子。我知道柯拉一直很贪吃，但是令我不解的是柯拉为什么不去守着扣着小饼干的篮子，难道它明白要想得到奖励就必须先把瓶子翻转过来吗？所有参加实验的人员都很吃惊。当天我们又进行了另一项实验，柯拉的主人夏洛特在柯拉面前把瓶子翻转了过来，柯拉跑到瓶子旁边嗅了一会儿，一脸迷惑地看着夏洛特，没有跑向扣着食物的篮子。柯拉的表现让我们更加疑惑，柯拉真的明白了得到奖励之前必须完成任务了吗？它真的意识到这项任务的内容是什么了吗？它真的明白这项实验的规则了吗？我们迫不及待地想弄明白这些。后续的实验耗费了我们半年的心血，我们尝试了各种各样可能的方法。

怯场 明星电视台的编辑，特奥·海恩对我们的实验非常有兴趣，他邀请我们参加甘特·约赫节目的录制。但是我对此表示怀疑，因为我不知道狗狗们在陌生的环境里，面对聚光灯、陌生人和摄像机会如何表现。

节目摄制当天，安特布彻山地犬柯拉第一个出镜。它要在镜头前再重复一次反转瓶子的实验。柯拉表现得非常好，聚光灯和摄像机都没有影响到它。实验开始后，它毫不犹豫地翻转过了瓶子，顺利地吃到了篮子下面的小饼干，学会了就是学会了。第二组实验增加了难度，柯拉要完成两个任务，首先柯拉还是需要先把瓶子翻转过来，然后还需要从一个装着水的碗里取出一个晾衣夹。柯拉来到瓶子前，把瓶子翻转了过来。然后它看向篮子，看它是否移开了，然而篮子并没有像以往实验中一样升起来。柯拉犹豫了，它再次看向篮子，还是一动不动。柯拉会想什么？也许它在想："既然篮子没有升起来，肯定我还需要再完成别的什么任务。"至少柯拉是这样做的。它用了些时间，终于把晾衣夹也从碗里弄了出来。然后呢？瓶子已经翻转过来了，晾衣夹也已经取了出来，接下来会发生什么？柯拉看看瓶子，又看看晾衣夹。特奥再次提高了实验的难度，他给了柯拉两个

您知道吗？

狗狗可以很好地分析和解读人类的情绪。其实它们情商很高。如果狗狗和主人的关系很亲密，它们能够理解主人的心情。主人心情不好的时候，狗狗会表现得很安静；主人伤心难过的时候，狗狗会依偎在主人身边表示安慰；主人高兴的时候，狗狗就会展现出淘气顽皮的一面，缠着主人陪它玩耍。

实践

食物大搜索——狗狗们能完成吗？

设计：

您需要准备砖块和木板。先把砖块摆放成两层，依次纵向摆放两组，间隔 20~30 厘米，平行摆放第二列。然后在砖块上平放两块木板，这样就搭建出了一个小通道。木板在摆放时要留一道窄的缝隙，能够塞进去狗狗饼干即可。

这样是不会成功的：

要在木板上压两块砖块，这样木板就不会滑动。如果在狗狗面前把小饼干从缝隙塞进去，狗狗就会试图从缝隙去吃饼干，这样是不行的，狗狗要找到其他途径吃到食物。

瓶子，一个正常竖直放置，一个倒在地上，当然还有装着晾衣夹的碗。柯拉完全没有被干扰，直接翻转过来了竖放的瓶子，并且从碗里捞出了晾衣夹。柯拉的大脑是如何处理这些干扰信息的？通过前几次的实验柯拉明白：“把瓶子翻转过来才是我需要完成的任务，所以我没必要在倒了的瓶子身上浪费时间，直接解决其他问题就好。”我们进行的一系列实验以及对照试验都表明，柯拉和糖果都清楚地知道它们在做什么。我们凭什么能够确定呢？实验中给柯拉和糖果设置的任务都是不

有可能这样：

按照实验的设计，狗狗应该用爪子从侧面而不是从上方够到小饼干。根据我们的统计，在经过几次尝试后，大约一半的狗狗能够完成这项颇为复杂的任务。您还可以再增加一层砖块和木板来增加难度。

夹层里的小饼干

还是从顶层的缝隙里把小饼干扔进夹层，但这一次小饼干就不会落在地板上，而是在中间夹层。狗狗会先检查地板，但惊讶地发现地板上没有小饼干了，然后才会从顶部的缝隙向里看。狗狗需要一点时间才能明白问题所在，然后吃到夹层里的小饼干。

同的，它们唯一能够预见的只有一件事：完成一项任务。因此狗狗一定知道它在做什么。糖果在接受新的挑战时的表现也证明了这一点。在糖果面前有一个倒在地上的瓶子、一个碗、碗旁边有一枚晾衣夹。糖果叼着瓶子，把它扔进了废纸篓里。糖果还想把碗弄翻，糖果一直遵循着一个原则："如果我知道一定要做什么，那么我就明白我在做什么。"通过这些实验我们可以清楚地看到一些狗狗的确明白它们在做什么。如此一来，会让人产生疑问：狗狗的"问题解决意识"是进化的

▸ 很长时间以来，狗狗的思考能力都被低估了，但是研究事实证明恰恰相反。

突破吗？这是不是开拓了狗狗的思维维度？在我看来，只要大脑中对真实世界进行了模拟，就可以认为是思维的突破。事实上，这的确是一个巨大的进步，因为糖果用想象代替了具象的实物和事件。弗里茨、糖果、柯拉和寒鸦在实验中都有一样的表现。各种各样的实验，不管是找香蕉还是解决科学性问题，都证实了这个进步。在陌生的环境中，在通过练习或者本能也不能应对的环境中，思维的优势表现得最为明显。现在，是时候给思维下一个定义了。

思维是什么？

我认为思维是指在大脑中模拟一个情景或是一个问题，在脑海里我们会一遍又一遍地假设不同的情景，把不同的结果进行比较和取舍。

这种模拟背后蕴含着最直接的经验法则，通过在大脑中模拟不同的可能性进行排除要比在真实环境中实践的试错成本低得多。一位象棋选手详细解释了这个画面，他会在大脑里预先设想自己的和对手的棋路。他预想到的越多，棋下得越好。思维就是一个类似的在大脑中的试错过程，大脑会模拟出“可能的”或者“不可能的”过程。对一件事的思索考虑，就是一个寻求问题答案的过程。思考和学习在一定程度上互相支持，也就是说，通过学习掌握知识越多的人越容易找到问题的答案。但是事实上，学习和思考经常难以区分，因为不管是人类还是动物，在遇到新的问题的时候，第一反应都是不假思索地尝试。比如说，如果我丢了钥匙，我第一反应是到处寻找，而不是先思考把钥匙放在了哪儿。只有当到处都找不到的时候，我才不得不停下来仔细想我可能把钥匙落在了什么地方，在我的脑海里会浮现出几个小时前去过的地方。每个人都经历过遇到问题不加思考直接入手解决问题的时刻。

人类和动物都比较倾向于首先选择熟悉的方式解决问题，只有当这种方式不奏效时才会再仔细思考。当动物也走上这条依靠智慧和感知力探索的路径时，它们的思考能力却经常被我们低估。这是因为我们很难探究动物行为的起因，研究动物智力和思考能力的实验通常都非常困难并且耗资巨大。莱比锡马克思－普兰克研究所的朱莉安·卡明斯基女士通过一项以著名的边境牧羊犬为研究对象的实验证明，狗狗也可以有逻辑地思考。在进行这项实验之前，人们一直认为狗狗不具备逻辑思维的能力，甚至很多狗狗的主人都觉得他们的狗狗不那么聪明。原因显而易见，很多人并没有认真对待我们的朋友，而且认为人类是“造物主的明珠”。

灰雁的逻辑 来自奥地利康纳德－劳伦兹研究所科学家伊丽莎白·赛博发现，灰雁也能够想出合乎逻辑的结论。她的实验很简单，但却令人印象深刻。两个碗分别用红色和黄色的纸板盖住，灰雁需要在其中选择一个。只有红色纸板下的小碗里才有食物，黄色纸板下的碗是空的。灰雁的任务是设法选中红色纸板下的小碗，这对灰雁来说是小菜一碟。经过几次失败的尝试后，灰雁就意识到了只有红色纸板下的小碗里有食物。接下来，实验人员进行了调整，灰雁要在黄色和绿色纸板覆盖的两个碗中做出选择。这一次黄色的纸板下有食物，绿色纸板下的碗是空的。灰雁仍然毫不费力地选出了有食物的碗，它已经学会了要选择黄色。实验人员又把纸板换成了绿色和蓝色，以及其他的颜色组合。但这些实验并不能证明灰雁能够做出逻辑性的推导。如果让灰雁在红色和绿色或者黄色和蓝色之间选择，它会如何抉择呢？灰雁在这两组测试中选择了红色和黄色。这两组颜色的组合灰雁之前并没有遇到过，但它通过一系列的测试已经得出了结论：在红色纸板下我肯定会找到食物，但只有当绿色和蓝色的组合在一起时我才能在绿色纸板下找到食物。在蓝色纸板下从来没有食物，所以食物只可能在黄色纸板下。灰雁和狗狗为什么能够做出有逻辑性的推导呢？

狗狗和灰雁的共同之处 狗狗和灰雁都是群居动物，并且它们的族群中都有严格的等级制度，有逻辑地思考有利于保持这种等级制度。例如，在一个狗狗的族群中，狗狗A知道自己比B强壮，狗狗B知道自己比C强壮，A也就知道自己不需要和C争夺族群中的地位，而C也会知道自己和比自己强壮的A和B争斗完全没有意义。这种认知有效地避免了族群内部无谓的内耗和受伤。

但是我们的推理能力不是与生俱来的，而是需要通过后天习得。詹姆斯和卡罗尔·古尔德在他们所著的《动物的意识》一书中介绍了一项俄国科学家关于推理和教育的关系的研究，令人印象深刻。“伊万生活在西伯利亚，西伯利亚所有的熊都是白色的。那么伊万看到的熊应该是什么颜色？”没有接受过学校教育的成年人通常会回答“我从来没去过西伯利亚”或者“我不认识伊万”。但是学校里10岁的孩子会很快说出这个脑筋急转弯的答案。在此我引用这个例子是因为我认为，没有机会接受学校教育的孩子们会遭遇不公平的待遇，带着自己文化的烙印很难评价其他文化体系中的人，从人类的角度去了解动物的所思所想就更困难了。但是我们却经常轻率地作出判断——动物可以做什么，不可以做什么。人类对动物了解太少了，相关的研究还远远不够。

即便是人类，在逻辑推理上也会遇到障碍，否则如何解释很多人对数学和物理的偏见？对这两个学科的学习而言，逻辑推理能力都是最基本的要求。很多人把他们对数学和物理的不理解看作理所应当，尽管这两门学科只是用来解释我们生活的这个世界的科学。动物和婴儿不会受这种偏见的影响，科学研究发现，婴儿甚至对于物理规律有最基本的认知。这个发现轰动一时，同时也开拓了新的研究领域。科学家们试图通过研究去发现动物是否了解物体基本的物理规律，是否能够理解并利用物体间的相互作用。

狗狗的物理学

这项实验的参与者是20只不同年龄、不同性别、不同品种的狗狗，包括混血。实验设备是在本书前面第五章已经介绍过的“问题笼子”。科学家们希望“问题笼子”可以证明实验是一个偶然事件，因为用笼子可以证明一些狗狗了解基本的物理规律，甚至可以利用物理规律来使用工具。这个实验可以告诉我们什么样性格的狗狗跟我们有关系。“问题笼子”很适合用来区分不同狗狗的性格。下面让我们按顺序进行。

▸ “我到底该怎么办呢？”狗狗陷入了两难的境地。在术语里狗狗此时挠地的行为被称为置换行为。人类在犹豫不决时也会有类似的表现。

倒计时开始　柯拉的主人夏洛特开始倒计时，命令柯拉

实践

大礼帽——狗狗能把它翻转过来吗？

挑战

首先，您需要用硬纸板制作一顶“礼帽”，“礼帽”的“帽檐”需要做得宽一些。“礼帽”的大小应该取决于您家狗狗的大小。然后当着狗狗的面，把一块饼干放在“礼帽”下面，然后告诉狗狗把饼干找出来。狗狗会试着用爪子或者嘴巴把帽子翻过来，但是它不会成功的，因为它肯定会踩在帽子的边缘。狗狗需要很长时间才能碰巧或者有意识地把帽子翻过来。

技巧

其次，把帽子的帽檐部分裁掉一半。一些参加测验的狗狗证明了我们的推测，它们真的掌握了“解题”技巧，因为它们只会从没有帽檐的一侧翻转帽子。为了证明它们的行为不是出于偶然，我们把帽子转个方向，狗狗还是会选择从没有帽檐的一边推帽子。

在距离“问题笼子”2米远的地方坐下，这对于训练有素的柯拉来说当然不成问题。随后，夏洛特一只手打开了笼子的盖子，另一只手拿着一块饼干向柯拉挥手，引起它的注意。在柯拉面前，夏洛特把饼干扔到了笼子里的活动木板上并且盖上了盖子。夏洛特退到旁边，不给柯拉任何提示，让它自己设法吃到笼子里的饼干。毫无疑问，柯拉想吃到美味的饼干，它径直跑到了笼子旁边，围着笼子转来转去，用鼻子不停地嗅，甚至一下子跳到了笼子上面。柯拉的行为是有意义的，这说明它在观察夏洛特是怎么把饼干从笼子顶部扔到笼子里的，但是这还不能让柯拉吃到饼干。柯拉从笼子顶上跳下来，用爪子使劲扒笼子，当然这样并没有任何帮助。柯拉跑到主人脚边，乞求地朝着夏洛特叫。夏洛特不动声色，仍然不给柯拉任何提示。柯拉明白了，主人不会帮她。可怜的柯拉又跑回到笼子旁边继续碰运气，这次它试着用爪子扒笼子的侧面，依然没有成功。柯拉在主人和笼子之间往返了五次，一直没有气馁。它的坚持终于有了结果，柯拉用爪子扒到木板的时候偶然把木板拉了出来。柯拉终于吃到了饼干，但是它并不明白发生了什么，也没有学到什么。

第二轮测试柯拉表现得和第一轮一样，盲目地用爪子扒笼子。第三轮测验的时候，柯拉终于明白了该怎么吃到饼干，学会了该用爪子扒笼子的什么位置——在笼子较窄的一面扒住木板的边缘把木板拉出来。这是实验设计过程中的一个难点，因为木板很重，狗狗并不能每次都像拉开抽屉一样，用爪子把放着饼干的木板扒出来。柯拉只是偶尔能够成功，大多数情况下它还是无功而返。这次柯拉只是运气好，它知道了要从什么位置拖动木板，但是仍然不知道该怎么拖动。它吃到饼干纯粹是碰巧，柯拉还是没有领悟到实验里隐藏的规律。

抑制本能　狗狗需要用爪子扒住笼子正面的木板边缘，像拉抽屉一样把木板拉出来。柯拉在重复了很多次之后终于掌握了这个技巧，每次都会有意识地用爪子扒住木板向外拉动。但是，柯拉学会拉动木板算是一个成功吗？这个对狗狗来说如此复杂的学习，对于人类来说太简单了。

然而相关科学文献表明，这个任务其实并不简单。狗狗的脑袋里到底在想些什么？神经学家和行为学家马克·豪瑟认为狗狗的大脑经历了这样一个思考过程：首先它们需要抑制由情感和冲动支配的行为。狗狗看到食物后想以最快、最直接的方式得到，但它们必须像“抑制本能”这个词的字面意思一样，抑制住本能的冲动。加拿大发展心理学家阿黛尔·戴蒙德发现动物的这个机制，或者说这种能够抑制住自身本能冲动行为的能力，在人类进化过程中也是逐渐形成的。在实验中，戴蒙德在婴儿面前放了一个透明的盒子，盒子的一面是打开的。盒子里有一个新的玩具，宝宝从来没有见过。宝宝会对所有新的东西非常感兴趣，并且会想拿在手里。在一部分测试里，盒子的开口会直接朝向宝宝，宝宝只需要向前伸手就可以拿到玩具。但如果盒子开口朝向另外一面，宝宝就需要从侧面抱住盒子才能拿到玩具。这样的话宝宝就需要抑制“向前伸手”去拿玩具的第一反应，新生儿直到9个月前都不会抑制这种本能反应，如果不是从失败中汲取教训，他们就只会向前伸手抓取东西。阿黛尔·戴蒙德想知道大脑的哪个区域控制着这种抑制机制，她选择了猕猴作为实验对象。戴蒙德通过实验证明，抑制“向前伸手”反应的区域是位于大脑正面大脑皮层的前额叶皮层。人类婴儿大脑的这个区域直到9个月时才能发育成熟。

小贴士

狗狗不想学习。和人类一样，狗狗有时候也会不想学习。当您给狗狗一个口令，但它表现得不够专心，那就说明它现在不想学习，它会不停地左顾右盼，用鼻子在地板上嗅来嗅去。这时候您需要手势和鼓励让狗狗服从命令。即使如此，若狗狗还是不愿意配合的话，您就需要体谅它，让它休息一下。

回到柯拉的实验。到目前为止我们可以发现，在必要的时候柯拉可以抑制它的本能反应来解决问题，并且可以把偶然性的行为——用爪子扒出木板——和找到食物联系起来。但是柯拉从实验任务中学习到了什么？它是不是明白静止的物体当且仅当受到外力作用时才会发生位移这个基本的物理学原理？

对应到我们所进行的实验，即柯拉是否明白只有拉动木板才能够吃到饼干？下面我将为您详细介绍这个在某种意义上看似“天方夜谭”的实验——狗狗是否了解物理规律。

在“问题笼子”中有两块并排放置的木板，一块木板上放有食物。柯拉走到笼子正面，垂涎欲滴地望着笼子里的食物。从它的右侧看，饼干是放在地板上的，美食似乎只有一步之遥。激动人心时刻到了，柯拉知道它应该拉哪一块木板吗？我们可以从它的行为看到它的思维过程。柯拉表现出了置换行为，这说明它在犹豫，就像人类在无法对问题做出选择的时候会习惯性地挠头，对于柯拉也是一样。过了一会儿，柯拉的眼睛里就像闪过

▶ 空中接球对于杰克罗素梗来说完全是小菜一碟，和它一起玩耍的朋友觉得这个游戏怎么样呢?

一束火花，它走到了笼子左边，像在之前的实验中一样，拉出了放着食物的木板。柯拉做出了正确的选择，没有被看起来更近的食物所迷惑。柯拉通过这项测试究竟是出于偶然还是有意为之？在接下来的实验中，需要证明柯拉是能够理解作用在物体上的行为和产生的效果之间的因果关系。也就是说，柯拉明白只有把放着食物的木板拉出来才能吃到食物，但如果食物在木板旁边，那就没办法吃到。

要想解决类似的问题，首先必须具有权衡比较的能力，并且还能抑制本能反应。对于马克·豪瑟来说这是理性思维的前提。理性思维以权衡比较能力为前提，把对不同情感的选择倾向进行比较，然后从中选出最有利的一个或者一组。柯拉在实验中的表现就反映出了这个原则。还有一个疑问，柯拉是否明白木板正面的边框作用就像抽屉的“把手”一样？只要是看过柯拉在实验中表现的人都不会怀疑这一点，因为很显然柯拉是有意识地用爪子扒住木板的边框把木板拖了出来。如果不是利用木板的边框当作“把手”，以柯拉 15 公斤的体重不可能拖动木板。

我们对实验结果来进行小结。木板正面的边框是用螺丝钉固定在木板上的，现在把螺丝钉拧松，边框仍然和木板相连，这样一来柯拉扒住边框时边框就会掉下来。对木板进行“改装”后，笼子又摆在了柯拉面前。柯拉跑到了笼子旁边，像此前实验中一样扒住木板边框拉动木板，木框掉下来了。柯拉愣住了，思考了几秒钟，但没有像最初几次实验中那样用爪子抓木板，而是在距离笼子一段距离的地方坐了下来。柯拉知道，木板的边框掉了，再继续下去也是徒劳。在一次对照试验中，实验人员把木板正面的边框换成了一段绳子，柯拉用嘴咬住绳子把木板拉了出来，成功吃到了饼干。

工具意识　我们毫不怀疑柯拉明白，想要把木板拉出来就要像拉抽屉一样，在木板上找到把手或者绳子。能够辨识出物体的结构并且利用物体的结构使之服务于目的就是有一定的工具意识。例如，使用锤子的正确方法是握住手柄，而不是锤头。对人类而言，使用锤子看似是世界上最简单的事情，但其实这也是我们习得的。假如给一个小朋友一把玩具锤子，您会吃惊地发现对孩子来说正确使用锤子一点都不简单。很多人不相信狗狗也有工具意识，但事实上类人猿、鹦鹉和鸦科鸟类不仅可以运用工具，他们甚至可以有目的性地对工具进行一定改造。

并非所有狗狗都能完成任务　柯拉是所有参加测试的狗狗中的佼佼者，它具备要完成这项实验所需要的所有能力——聪明，有毅力，有好奇心。并不是所有的狗狗都能够顺利地把木

您知道吗？

纽约大学布法罗分校的科学家通过一项研究发现，和不养狗狗的人相比，养狗狗的人承受的压力比较小。测试中，志愿者处在压力环境中，研究人员记录下了他们的心率、血压、出汗量等基本数据。结果显示，养狗狗的志愿者表现出的压力症状最轻。

板拉出来吃到饼干，这并不稀奇，所有对动物进行智力测验的人都知道，总会有一些动物不能完成任务。是否能够完成实验任务取决于多方面的原因，并不一定和动物的智力水平相关，更多时候是取决于动物其他方面的性格特点。

苏西是一只贪吃的混血猎犬，它也参加了同样的测试。它的女主人说苏西愿意为了食物做任何事，所以它是这项测试最佳的“人选”，女主人十分有信心，苏西一定会通过这项测试。女主人把饼干扔进笼子里的时候，苏西目不转睛地盯着主人。苏西谨慎地，甚至可以说是小心翼翼地走到笼子前，用鼻子嗅着笼子，围着笼子绕了两圈，最后停下来眼巴巴地看着主人。主人没有反应，苏西朝笼子小跑过去，纵身一跃跳到了笼子顶上，把鼻子伸进笼子里试图够到饼干。但苏西发现这样吃不到饼干后又跳回地上，然后在笼子旁边趴了 25 分钟，实验人员只能终止了测试。苏西会不会觉得度过了很不愉快的一天？实验人员又尝试了三次，但是结果都是一样的。苏西的女主人非常失望，几乎要忍不住向苏西发火。显然这位女士对苏西性格的认知有偏差，她不愿意接受苏西在实验中的表现，但无论如何苏西都算不上积极主动、有好奇心。我努力了很久才说服苏西的主人其实苏西还是很优秀的。

不同的狗狗在“问题笼子”实验中的表现差异之大令人非常吃惊，它们的表现和我们对待它们不同能力和性格特点的态度密切相关。每一只狗狗都是独一无二的，即使同一品种的狗狗也只在一定程度上有所相似。我自己的两只圣伯纳犬在同样的智力测验里就表现得完全不同。

识数的杂技演员

我来到了弗莱堡的一家幼儿园，在我面前的小桌子旁坐着五个两三岁的小朋友。我请年纪最小的罗伯特从桌子上摆的 10 个饼干中取出 5 个给我。只有两岁的罗伯特用小手捧了几块饼干给我。我对他说谢谢，请他把剩下的 5 块饼干也拿给我。罗伯特又从剩下的饼干里拿了几块给我。很显然罗伯特明白我想要不止一块饼干，但是他还不会数数，要等到四岁左右的时候小罗伯特才能做到。数出一定数量的物品需要具备一定抽象思维的能力，小罗伯特只有两岁，到目前为止他的大脑还不具备这样的能力。

但是即使是成年人也只需要在桌上的物品超过 8 个时才需要数，8 以内的数字我们的大脑会迅速反应出来，不需逐个数。如果有 9 样东西大脑会先对其中的 8 个迅速做出反应，然后在此基础上加上 1 个。不同动物对数字的反应能力不同，例如虎皮鹦鹉可以数 7 以内的数字。据我所知，目前我们还不能确定狗狗可以数多少个数字。

然而计算和数数没有关系，计算是更为复杂的数学运算，例如 1+2=3,2+2=4。可以进行计算的人一定可以进行逻辑运算。数字“4”似乎是一个带有魔力的数字，一些亚马逊地区的原始部落最多只数到 4，5 个果子或者 10 个果子对他们来说就是“很多个”。在人类世界里，计算是最基本的能力，在动物世界里又是怎样呢？

狗狗会算数吗？ 在这项测试里，我们采用的方法是在对猫进行测试的时候归纳总结出来的。我们发现，接受测试的一些猫可以对 4 以内的数字进行计算。实验原则很简单，在猫咪 4 米远的地方依次摆放四个碗，四个碗的盖子上面依次画着一至四个图案，实验中会用铃声作信号，分别会响一声，两声，三声或者四声。猫咪只有在根据铃声指示选对了对应数字的碗才能得到食物作为奖励。这项实验中，猫咪第一次听到了三声铃音，它随之选择了三个图案的碗。听到四声铃音时猫咪也丝毫没有犹豫，选择了四个图案的碗。实验中证明，猫咪在实验中的表现是出于本能，并没有经过学习。当然这项结论也得到了大量统计学数据的支持。

那狗狗是否也可以呢？我们确信，这个方法对于狗狗也适用。我们满怀希望地用这个方法对狗狗进行了测试，但是并没有获得预期的结果。这项测试对狗狗来说有些难度，当它们无法判断是二还是三的时候就干脆趴在碗旁边，或者跑到主人身边寻求帮助。我们尝试了所有的可能性，找了很多狗狗参加实验，一年半之后，我们无奈地放弃了。

您的狗狗对“数量”有概念吗？

多还是少

把两个碗并排摆在地上，在两个碗里放入不同量的狗粮或者肉块，然后用纸板盖上，您做这一切的时候让狗狗等在2米远的地方。现在呼唤狗狗来享受它的奖励。它会选择食物多的碗吗？您把两个碗中食物的分量交换一下再试一次，会发生什么？

多还是没有

狗狗一般会习惯性地选择一边，也就是说它们会选择吃习惯的一边的食物，而不去注意食物的多少。这可能是因为狗狗知道两个碗里的食物都是给它的奖励，所以选择多还是少并不重要。您可以只在一边的碗里放食物，用这种方式引起狗狗的注意。在我们的实验中，狗狗是明白一个和五个的数量区别的。

但这并不能说明狗狗不具备计算的能力，很可能是因为在它们遇到难以抉择的情况时，习惯把选择权交给主人，即使它们自己其实也可以做出选择的。布达佩斯大学的科学家进一步证明了这个观点。科学家设计了一个装置，美味的狗粮装在一个透明的罐子里，罐子连着一个手柄，拉动手柄狗狗就可以吃到狗粮。实验中，一些狗狗很快就发现了这个装置的关键，但也有一部分狗狗始终吃不到狗粮。

很显然在狗狗和人类之间有一种很密切的联系，特别是当狗狗不知所措的时候。但是一旦主人给出口令，让狗狗去吃食物，狗狗马上就会服从，因为所有狗狗都知道主人的口令代表该做什么。和主人服从关系最强的狗狗并不“笨”，它们只是倾向于听从主人的指示。也许正是这个原因导致了我们的算数实验失败。

丽贝卡·怀斯特和罗伯特·扬比我们要幸运得多，他们把发展心理学家对婴儿的测试方法应用到了狗狗身上。研究人员把投影屏幕、黑板或者物体放在接受测试的婴儿面前，然后记录婴儿目光停留的时间。由于狗狗和婴儿一样，目光都会在新奇的事物上停留更久，我们可以利用这一点进行测试，看狗狗对数字和算术到底了解多少。实验结果表明，狗狗可以进行算数，至少可以计算 1+1 和 1+2，但想得出准确的结果还需要大量的工作。

动物并不擅长数学　和人类相比，动物并不擅长数学，它们的计算能力并不成熟。即使是那只名满世界的鹦鹉艾利克斯在数学方面也表现平平。艾利克斯是一只灰鹦鹉，它的主人科学家艾琳·派裴伯格一直以它为研究对象。艾利克斯明白一些非常抽象的概念，例如形状、颜色和数量，我曾经三次去拜访艾琳·派裴伯格和艾利克斯。

第一次去拜访艾利克斯的时候我很幸运，有机会让它接受算数测试。我在艾利克斯面前摆了三枚 10 分的硬币和一枚 1 马克的硬币，问艾利克斯一共有几枚硬币。艾利克斯歪着头，打量着面前从没见过的硬币，回答说：“四。”毫无疑问艾利克斯有不错的计算能力，但是这一点经常遭到质疑。我又给艾利克斯准备了一个很刁钻的测试。我给艾利克斯看了两把钥匙，两把钥匙只在锯齿上有非常细微的差别。我问艾利克斯：“这两把钥匙有什么区别？”艾利克斯回答得有点迟疑，但还是可以听清楚它说的是“没有”。艾利克斯能明白“没有”或者“0”的概念吗？这一点在狗狗身上是无法验证的。

在动物的进化过程中是什么促使动物有了数数和计算的能力？为什么人类的计算能力比动物高出如此之多？有可能是因为动物在自然

▸ 市场上有很多品牌的宠物益智玩具可以选择，大多数狗狗都会喜欢。

界中更多时候只需要理解相对数量多少或者大概的数量概念，并不需要精确统计或者计算。例如鱼类和两栖类动物，雌性每次产卵的数量都非常多，它们虽然会抚养后代，但还是不知道后代的数量。我的圣伯纳犬巴鲁的妈妈艾玛也不知道自己有几个宝宝，事实上巴鲁有六个兄妹。一个黑猩猩族群有二十个成员，当有一个成员不在的时候，作为族群首领的雄性黑猩猩可能会意识到，但是它想的肯定不会是上帝啊我们少了一个伙伴，如果有其他族群攻击我们就麻烦了。

至今我们也不知道为什么人类会在进化过程中发展了计数和算数的能力。但毋庸置疑的是，人类的不断进步促进了这两种能力的提高，同时也给我们带来了极大的便利。

但是从另一个角度看，计数和计算能力也是导致争执、不幸、嫉妒和战争的根源，因为如果 100 欧元或者 1000 欧元，10 公斤或者 20

注意

菲利普和主人的“对话”——交流的方式

掌握基本数字推理能力的人通常也具有把具体事物抽象成一个概念的能力，例如三角形会使人联想到数字 3，四边形会让人联想到数字 4。狗狗能不能像人一样理解符号的意义呢？匈牙利著名的犬类科学家亚当·米克洛希和他的团队就致力于这个问题的研究。

克洛希教授参加了一期名为《猫狗大战》的电视节目的录制，我们正好趁此机会在一旁观摩拍摄。节目的“男主角”是一只叫菲利普的比利时牧羊犬，它的主人叫理查德，理查德腿脚不是很方便需要使用轮椅。菲利普在匈牙利是家喻户晓的明星，2000 年菲利普当选为匈牙利最聪明的狗狗。每一个去拜访理查德和菲利普的人从进入花园门的那一刻起就会大吃一惊。按响门铃后就会看到一只牧羊犬欢快地跑出来，花园门是锁着的，理查德在远处喊：“没问题，可以让外面的人进来。”菲利普听到后就会跑进屋子里，从钥匙勾上把花园门的钥匙叼出来交给客人。菲利普干得不错，但这只是通过训练就可以掌握的技能，对于一只训练有素的助残犬来说并没有什么值得大惊小怪的。下面要讲述的才能够真正证明菲利普有多聪明。

菲利普和主人的对话

菲利普可以用工具表达自己的想法。在钥匙挂钩旁边有菲利普和主人交流的工具：挂着三角形的链子表示“我想玩耍”，挂着圆环的链子表示“我渴了”，挂着塑料香肠的链子表示“我想出去散步”，挂着绳子的链子表示“我累了”。菲利普的交流工具中最特别的是一个装胶卷的瓶子，这个瓶子背后有一个很特别的故事。

用胶卷瓶求助

理查德的一个朋友粗心地把理查德的手机放在了厨房的架子上，架子太高了，理查德和菲利普都够不到。理查德的朋友离开了，忘记了架子上的手机。一个小时之后理查德的另一个朋友来拜访，这时手机响了，菲利普跑到架子旁边想拿到手机但是发现够不到。理查德和朋友在别的房间里，没有注意到菲利普遇到了难题。菲利普并没有放弃，它是一只非常有毅力的狗狗。突然菲利普叼起一个放在桌子上的胶卷瓶，把它拿给了理查德的朋友。菲利普以此引起了客人的注意，示意客人和它去厨房。客人马上就明白了菲利普的用意，跟着菲利普来到了厨房，从架子上取了手机拿给理查德。胶卷瓶代表的含义是"请帮助我"。菲利普这么做并不是偶然的，因为遇到其他解决不了的问题的时候，它也会用胶卷瓶寻求帮助。不知道您是否明白了菲利普这个行为的意义所在，从来没有人教过它，一只狗狗懂得用一个不相关的物品和人进行交流，也就是说胶卷瓶被赋予了新的含义——请帮助我。菲利普运用了最基本的图像语言。每一个物品或者符号都代表一个词或者一个词组。虽然没有菲利普做得这么好，但我自己的牧羊犬泰迪也会使用符号，它发明了自己的符号语言。泰迪用嘴咬着运动鞋并不是说"我想要出去散步"，而是在表达"我喜欢你"，每次泰迪喜欢的客人来拜访的时候它都会这么做。聋哑人也会用同样的方式在彼此间进行交流。

科学家用这种方式对类人猿的语言进行研究。类人猿中最聪明的要数倭黑猩猩"坎兹"。野生倭黑猩猩目前仅生活在刚果。

符号语言大师

倭黑猩猩是最接近于人类的动物。当我隔着栅栏站在"坎兹"面前时，我几乎是马上就感受到了它眼中的智慧。"坎兹"掌握了 100 多种符号的意思，它甚至会造句。"坎兹"示意我把黄色的球扔给它，然后我们就玩起了传球的游戏。突然它跑到了笔记本电脑旁边，电脑里有它使用的符号。坎兹从容地输入了几个符号，它的训练员告诉我，那是"来挠我"的意思。某些时候"坎兹"能够听懂人类的话并且还能运用。狗狗在这些方面虽然不能和"坎兹"相比，但是菲利普的能力不容小觑。也许狗狗其实比我们想象中更能理解我们。菲利普在节目录制累了的时候，就选出代表这个意思的绳子。当它不想再录制节目了，就选出挂着塑料香肠的链子，表示想去散步。鉴于菲利普这么明确表达了想法，我们也就停止了录制。

▸ 手机响了，菲利普自己不能把他拿给主人，因为手机放在架子的高处。

▸ 菲利普想出了解决的办法：把胶卷瓶当作求助的信号。它把胶卷瓶拿给客人，把他带到架子旁边。

公斤肉对我们没有任何区别，那我们根本不会考虑我拥有的比其他人多还是少。正是因为这样，我从来没见过我家的狗狗或者在野外观测中看到的狮子会计较同伴是不是吃得更多。

模仿是一门高级艺术

模仿对于人类社会并没有太大意义，很多时候我们说起模仿总会用类似于“沐猴而冠”之类的词语表示不屑，但事实上，除类人猿外，绝大多数猴子并不具备模仿能力，在动物界模仿是一种很少见的现象。人们普遍认为，模仿不能体现个人的思想和创造力，这种观点也不无道理。但是我认为，这种观点有其狭隘之处，模仿其实有很重要的意义。模仿并不是没有意义的行为，在一定程度上为他人着想不在于想什么，而在于真正为他人做了什么。只有在心理上认同了他人的行为，我们才会通过观察他进而模仿他的行为。模仿无疑是解决问题必不可少的一种能力。

观察和模仿能力强的人可以节约学习试错的成本，不需要让自己在不同的可能性之间进行权衡，因为通过观察他们就已经知道了解决方法，他们只需要照着去做就好。不过有一个问题，“只要”意味着什么？模仿首先以能够理解别人在做什么为前提，其次是要能够把他人的行为方式应用于自己的实践，也就是由彼推己。人类显然是模仿的高手，这要归功于人类的语言技能，而语言的学习本身就与模仿息息相关。模仿能力是人类与生俱来的，婴儿出生几个小时后就开始模仿周围人的面部表情和手指动作。

为什么婴儿就拥有模仿能力？ 科学家安德鲁·梅尔佐夫和M.基斯·摩尔都认为婴儿是通过模仿眼前人的表情和动作来识别和确认周围人身份的。为了证明这个猜测，两位科学家设计了下面这个实验，两个成年人轮流在一个婴儿面前做出不同的表情，例如弗雷德吐出舌头扮鬼脸，随后乔摆出了抿紧嘴巴的表情。参加实验的宝宝一直吮吸着他的奶嘴，并没有马上模仿看到的表情。24小时之后，乔又来到了宝宝面前，不说话看着宝宝，宝宝抿紧了嘴巴。弗雷德出现的时候，宝宝吐出了舌头扮着鬼脸。

狗狗是否具有模仿能力？ 狗狗是否具有模仿能力经常很难判断，因为模仿会涉及一个问题，即模仿极少单独出现在行为中，而是经常和其他行为方式交织在一起，而且很难把不同的行为方式单独区分开。例如当狮子猎捕一只羚羊的时候，有的行为是与生俱来的，有的是观察同伴后学会的，有的是自己从捕猎经验中总结的。我们需要时刻注意，当我们想把一个行为归结为模仿时总会遇到这个问题。进化论的提出者查尔斯·达尔文就已经发现了这个问题，在他 1871 年出版的著作《人类起源》中他介绍了一些相关的案例，例如由猫抚养长大的幼犬会随着猫养成一些猫特有的习性，它们会像猫一样把爪子舔湿，然后用爪子洗脸和耳朵。有一只被猫养大的小狗崽一直都保持着这个用爪子洗脸的习惯，直到它 13 岁去世。达尔文发现了狗狗的这种学习能力。更令人吃惊的是，100 多年后的今天，我们仍旧低估狗狗的智慧，不承认它们拥有思考的能力，这一点在驯狗中表现得尤其明显。

母亲是最好的老师 下面我们将以缉毒犬为例。一般情况下幼犬 8 周大的时候就会离开母犬来到训练员身边，3 个月大的时候开始接受缉毒训练，训练一段时间后进行选拔测试。通过测试的小狗崽还要继续接受训练直到最后的结业考试，这是一个非常辛苦的学习过程。南非的科学家提出了一个理论，如果这个理论成立那么将很大程度上减少现在缉毒犬训练的工作量。南非科学家认为，幼犬应该由作为缉毒犬的母犬抚养，让母犬教会幼犬如何追踪，如何嗅探。科学家的这个理论被应用于实践后取得了惊人的效果，由母犬抚养长大的幼犬和经过艰苦训练长大的幼犬一样，都成了出色的缉毒犬。而且由母犬抚养大的幼犬在和兄弟姐妹的游戏中，通过模仿就轻松地学会了母亲的工作技能。

迄今为止也很少有人关注狗狗的模仿能力，大概是因为大多数狗狗都和主人长大。在我的狗狗的身上，我清楚地看到了

您知道吗？

对于狗狗来说，主人是它们生命中最重要的人，主人的地位甚至要超过族群里的领袖，它们甚至会模仿主人打哈欠。

▸ 这只澳大利亚牧羊犬很喜欢和这个红色的气球玩耍，紧张的测验后它总会玩一会儿球来放松。

它们是怎样模仿同伴的。我有一只寻回犬罗比，到 13 岁它都没有学会怎么用鼻子顶开虚掩着的门，直到它看到了并模仿一只叫维斯拉的圣伯纳犬后才学会这个本领。在此之前的 13 年里，它都只能傻傻地站在门前使劲叫，让我们帮它把门打开。但有趣的是罗比并没有和我的另一只牧羊犬泰迪学会这个本领，虽然罗比几乎每天都看着泰迪用鼻子把门顶开。难道狗狗还会挑选模仿的对象吗？下面的实验将设法弄清楚这一点。

向信任的人学习 实验中我们把狗狗分成两组，第一组的狗狗经常在一起玩耍，每天都一起出去散步；第二组的狗狗只在散步的时候碰到过，平时没有交流。两组狗狗都要完成相同的任务：把一个改造过的塑料瓶翻转过来。通过实验我们发现，第一组中的狗狗比第二组中的狗狗更经常彼此模仿。如此看来，信任程度是影响狗狗选择模仿对象的重要因素。这个结论是意料之中的，因为对于人类也是如此，我们也更倾向于模仿较为信任的人。但正如下面要介绍的实验所示，模仿有时候也会非常困难。参加实验的是我们很熟悉的亚当·米克洛希，以及来自匈牙利的理查德和菲利普。我们在前面介绍过，理查德腿脚不便需要使用轮椅。理查德每次想撑着轮椅站起来的时候都特别容易向后跌倒，所以菲利普就会过去帮忙指挥，上下挥动前腿。理查德和菲利普还可以配合得更好，理查德把后轮向左转时，菲利普也向左转，向右转时也是一样的。录制节目过程中，我们目睹过他们的合作，所有人都惊讶于他们的默契。最初本来只是理查德和菲利普的游戏，没想到最后变成了科学。

狡猾的模仿者　狗狗的模仿不是机械式地照搬，在模仿过程中它们也会有自己的思考。在模仿之前，它们会先进行判断，思考要模仿的行为对自己是否有益。维也纳大学的弗里德里克·朗格教授通过实验发现了狗狗的这个“小心机”。朗格教授训练一只边境牧羊犬用爪子拉一个梯形的圆木，这样才能打开箱子吃到食物。这个训练是有意义的，因为通常狗狗会把木头咬在嘴里拖动，而不是用爪子。现在实验可以开始了。朗格教授把狗狗分成两组，第一组看到了边境牧羊犬是怎样用爪子移动木头的，正如我们所料，第一组的狗狗也用同样的方式移动了木头。第二组狗狗也看到了牧羊犬的示范，不过这次牧羊犬嘴里叼着一个球。第二组的狗狗会怎么做呢？它们用嘴挪开了木头，打开了装食物的箱子。实验说明，狗狗不是在机械地模仿，它们知道当示范的牧羊犬嘴里叼着球的时候只能用爪子挪开木头，它们嘴里没有球，所以它们没必要像牧羊犬那样做。这个实验在一定程度上解释了弗里德里克的结论。在我看来，这个实验能说明狗狗可以模仿，但是还不能解释它们如何选择性地进行模仿。

集体的力量

观察母狮们狩猎可以发现，它们的狩猎策略不是一成不变的套路，相反它们会根据狩猎的需要调整策略和技巧。它们不仅灵活，还能理解同伴的意图，也就是说它们明白同伴正在做什么或者将要做什么。它们可以分享同伴的内心想法，并且懂得团队的努力可以获得集体的成功，团结就是力量，在我看来这是团队合作最重要的条件。在食肉动物中，团队合作在狮子身上表现得最为突出。

狗狗可以团队合作吗？ 其他食肉捕食者的团队意识表现得就不是很明显，比如狼，在狩猎时它们彼此间的配合没有那么密切，个体的行为不会明显受同伴影响。狼是否会“合作”捕食仍然是科学家们争论不休的问题。作为狗狗的祖先，狼具有团队合作的能力吗？我认为这是一个至关重要的问题，因为它可以在很大程度上反映出狼群的交流能力，也许这也适用于狗狗。基尔大学的希尔科·布拉格曼研究的正是这个问题。她以狼和德国牧羊犬为对象，研究狼和狗狗的合作行为。为此，布拉格曼设计了一个实验装置，一个高 2 米的和地面垂直的架子，固定在地上，架子两端挂着两根绳子。这个实验需要两只狼合作，同时从两端拉绳子才可以吃到食物。实验结果很让人吃惊，五组接受测试的狼没有一组成功，虽然每一只狼都知道怎么拉绳子。

接受相同实验的牧羊犬表现则要好得多。它们模仿彼此的行为，能够共同合作。为什么实验在狼身上失败了但在狗狗身上却成功了，这样的实验结果引出了很多问题，但对于这些问题，目前我们并没有明确的答案。我想可能是因为狼的数量太少，所以它们没有机会在和同伴生活的过程中形成合作的习性。维也纳大学海伦娜·莫斯林格的研究支持了这个猜测。她也以狼的团队合作能力为研究对象，同样设计了一个装置，她的实验取得了更好的成果。实验的关键也需要狼同时拽绳子。绳子缠绕在这个装置上，当几只狼同时咬住绳子一头拽的时候才能拉动绳子。被测试的几只狼相互模仿，成功拉动了装置，吃到了食物。它们的动作同步时就可以更快地得到食物。这个实验为部分狗狗和狼具备团队合作能力这一推测提供了科学证明。

盲人的信任 在我看来，导盲犬最能表现狗狗和人类良好的合作关系。虽然狗狗的大多数本领都是后天习得的，但是只要用心观察就会发现，导盲犬在很多时候会很体贴地为主人着想。亚当·米克洛希和他的团队通过拍摄记录盲人和导盲犬在户外的互动合作，为上述推测提供了科学依据。盲人和他的导盲犬都走得很快而且很平稳，绕开了每一个障碍。 拍摄过程中研究人员意外地发现盲人和导盲犬彼此之间越熟悉，导盲犬就会更经常主动地作决定，而通过训练学会的技能则表现得越不明显。在走路时，有时候由盲人掌握主动、决定方向，有时候又是由导盲犬决定，一直由一方引路的情况非常少见。这种引路的主动权一般在出发、停止和拐弯的时候会表现出来。和狗狗一起生活了这么多年，我自己也感受到了狗狗的合作能力。有一次我和我的狗狗维斯拉一起去圣莫里茨山徒步，在一个非常陡峭的斜坡上只有一条很窄的小路，我和维斯拉勉强可以并排通过，但是稍微走错一步就会掉下 50 米高的悬崖。我当时有些害怕，维斯拉一定是感受到了我的情绪，它做了一件从来没有做过的事。我让维斯拉在我的右侧，靠近岩壁的一边走。但是维斯拉没有服从我的命令，它站在原地不肯动。突然，它绕到了我的左侧和我交换了位置，它要走在靠近悬崖的一边。我和维斯拉小心翼翼地挪着步子，终于走过了这条陡峭的小路。维斯拉一直注视着我的步伐，对它来说走这条小路轻而易举，显而易见它是在担心我。维斯拉让我非常感动。

▸ 泰迪把球玩儿出了花样，和不同的人它会选择不一样的游戏。

实践

最短路程——您的狗狗最快需要多久能找到它？

任务设置

您需要准备一个飞盘，找到一块有篱笆的空地，篱笆最好在 10 米左右宽，两端都可以通过。把狗狗带到篱笆前面，然后把飞盘扔到篱笆的另一侧。通常狗狗会跑到篱笆前，边叫边用爪子刨篱笆。它们通常意识不到得从旁边绕过篱笆，只有极少数特别聪明的狗狗才能一开始就知道该怎么做。

解决问题

解决问题其实很简单，您只需要带着狗狗沿着篱笆走到一端，然后绕过篱笆找到飞盘。第二次再把飞盘扔到篱笆对面，狗狗自己就会绕过篱笆找到飞盘。您还可以把飞盘扔到靠近篱笆一端的对面，聪明的狗狗会直接选择从靠近飞盘的一边绕过篱笆，而比较保守的狗狗仍然会从您带它走过的一边绕过去。

狗狗的情商

很多人认为，动物可能拥有聪明的大脑，可以记住东西，可以学习甚至会解决问题，但是它们不会思考行为的后果，不会考虑其他生物的想法。在这些人看来，动物就像在梦游，它们的行为虽然有实际意义但它们自己却认识不到。我的牧羊犬泰迪给我上了很有启发的一课。泰迪是一只精力极其充沛的狗狗，热衷于一切需要大量运动的游戏，无论是抛飞碟还是对抗游戏它都喜欢。它的性格让它在游戏里经常玩儿得过火，我的手和胳膊上常常有它不小心留下的抓痕和划伤。不过这一点都不影响我和泰迪忘乎所以地一起玩耍。但如果是和三岁的小姑娘弗兰西丝卡一起游戏，泰迪就像换了个“人”一样，一举一动都变得轻柔小心。泰迪亦步亦趋地和她赛跑，小心翼翼地把球捡回来交到她手里。如果弗兰西丝卡跑在了它前面先捡到了球，泰迪就乖乖地坐在原地等着小姑娘把球扔给它。大多数时候还是泰迪先捡到球，然后用嘴或者头把球再传给弗兰西丝卡，所以每次小姑娘赢了泰迪先捡到球都会兴奋地尖叫。这一对有爱的组合每次玩起球都会超过半个小时,那个画面看起来十分温馨有爱。但是对我，泰迪从来不会这么温柔，它从来不会主动把球扔回给我。不过弗兰西丝卡不是泰迪唯一的例外，“铁汉”泰迪也会有“柔情”时刻。

有一次我和泰迪一起乘火车从弗莱堡去汉堡，旅途中泰迪认识了新伙伴，一个腿脚不灵便的男孩儿。男孩儿和母亲坐在我和泰迪的对面，他手里拿的网球不小心掉在了地上。泰迪看到了就用嘴巴叼起了球，扔给了男孩儿。在接下来的旅途中泰迪和男孩儿一直都在玩抛球接球的游戏。很显然泰迪完全可以照顾到孩子们游戏的节奏，和孩子一起玩耍时它会控制自己的力度和速度，它能理解孩子们的口令和手势。这种辨识能力是狗狗的强项，即使是人类的近亲黑猩猩在这一点上也只能自叹不如。狗狗很可能是最能“读懂”人类的动物，这并不是一种偶然，而是在长期驯养中，狗狗和人类几千年共同生活形成的默契。人类按照自己的需要塑造了狗狗，很可能我们的祖先在最初就有意地挑选了最能理解人类手势行为的动物进行驯养。

如果主人用手指着远处的一个物体，狗狗会明白它应该跑到那个物体旁边。狗狗很快就能明白，主人指着远处的时候不是要向它展示自己漂亮的手指，而是指向远处的某一个东西。即使只有几个月大的小狗崽，哪怕很少和人类接触，也会很快就能理解主人给它们食物时候的表情。布达佩斯大学的研究人员做过一个类似的实验，不过更有难度。狗狗主人手里拿着一根木棍藏在背后，用木棍指向狗狗的食盆，出乎意料，一些狗狗居然也能明白这样的手势。这一系列测试的结果很让研究人员吃惊，例如研究人员发现，狗狗不会被主人的行为混淆，虽然主人走向包装盒，但它们还是会选择主人用手指示的藏着食物的盒子，它们会优先服从主人指示的手势，而不是主人的行为。对狗狗来说，主人的手势就像一本书。如果让狗狗在两个人中选择要食物，它们会选择没有蒙住眼睛的那个人。通过简单的小测试您很容易就可以看出来，狗狗到底有多擅长观察人类的动作和手势。

人和狗狗之间的默契究竟可以达到什么程度，狗狗是否能理解主人隐含的指示？莱比锡马克思－普兰克研究所的研究员布莱恩·黑尔进行过一个名为“指令测试”的实验，我们把这个实验做了一点变动，这样您可以自己来试一试（指令测试，参见第 42 页）。

思考题告诉我们什么？

通过认知测验我们可以深入了解狗狗的内心世界。对狗狗进行认知实验的目的在了解狗狗在事物认知方面的优势和劣势，进而应用于驯狗的实践中。如果狗狗听不懂我们的指令，自然就谈不上服从。最典型的例子就是左右爪的区分，就像人类的左撇子和右撇子，有些狗狗习惯用左前爪碰触物品，而有的习惯右前爪。

和人类一样，狗狗的左撇子和右撇子也是由大脑控制的，因此根本没有必要强迫人类或者狗狗必须用哪一只手或者爪子。和人类相比，动物的行为需要更长的思考时间，为此人们大多认为动物不够聪明。很遗憾这样的结论下得过于轻率。如果见过狗狗在智力测验游戏中的表现，见到它总是使用左前爪，就会明白这个测验的难度。这个测验也表明，狗狗几乎不能理解人类是否已经知道或察觉。例如，狗狗可以帮我们找到隐藏的物品，找到之后它们会朝着目标跑过去，无论人是否已经知道东西藏在哪里。狗狗是不能理解我们已经察觉到或是看到那样东西就在那个地方的，狗狗和人类无法就已经发生的事情进行交流。智力测验对动物有一个好处，它能让狗狗独立思考、独立行为，而不是仅仅服从人类的指令。在测验游戏中狗狗自身精神和情感的独立性被挖掘出来，天性得到了释放。智力测验一般都会在没有压力的环境下进行，狗狗能够自由发挥。这一点同样适用于问题解决测验。

认知测验需要满足一个基本条件：必须让狗狗处于放松状态，自愿参与测验。就像我们下象棋，虽然需要聚精会神地思考，但仍然是在玩一个游戏，认知测验对狗狗来说也是如此。这也许可以解释，实验中我们发现狗狗其实很喜欢参与这些测试。研究人员努力把这些测验设计得很有趣，在实验室中模拟自然状态下的情形，因为狗狗在自然环境中的近亲们，每天都需要为了生存克服各种各样的难题。认知测验对于狗狗的主人也非常有帮助，在测验过程中饲养者的思考能力也会得到提高，因为他必须观察狗狗的实验表现，进而进行思考，而不是想当然地得出结论，所以说认知测验是一场人和狗狗共同参与的长跑。

主人在测验中的表现可以反映出他的性格，有的胆小、谨慎，有的则不受测验的影响，甚至可以从中找到乐趣；狗狗的性格在测验中会表现得更加淋漓尽致，因为它们不会掩饰情绪和意图。我参与过无数次以狗狗为测验对象的测验，通过这些测验我对狗狗的性格有了更多的了解。

比如罗比一直都抗拒参加一些测验，食物的诱惑也无法让它动摇。罗比胆小又害羞，对所有的新鲜事物都表现得非常谨慎，设计测验时就需要考虑到罗比的性格，不能强迫它参加实验，不然罗比就会表现出凶悍的一面。泰迪和罗比正好相反，泰迪对所有的实验都表现出极大的兴趣，摇着尾巴，兴奋地叫着要求参与到测验中。即使一开始失败了，它也不会放弃，一次又一次地尝试，我永远也不会忘记它在给球和木棍排序的测验中锲而不舍的精神。这个测验要求狗狗掌握球和木棍的不同

小贴士

狗狗的大脑其实有很大的潜力，如果在幼犬时期对狗狗的要求过低，久而久之狗狗会因为无聊拒绝配合训练。所以您一定要让狗狗尝试各种各样的学习和训练，让它时刻保持新鲜感和对学习的兴趣，让它经常和同类玩耍。

特性：球是圆形的而且可以弹跳，木棍是长条形并且静止不动。很多次尝试之后，泰迪终于明白了球和木棍的不同，成功完成了测验。这些测验向我们展示了狗狗们不同的性格。

通过测验中的观察很容易把狗狗按照性格特点进行区分，比如温顺的和易怒的，或者内向的和外向的。这些测验的目的不是狗狗是否成功解决了问题，而是它们处理问题的方式以及它们为了解决问题而做出的尝试。它们所有的表现——不管是积极尝试，还是犹豫不前，甚至逃避——都是有意义的，都能够反映它们的性格。了解了狗狗们不同的性格特点，在训练过程中就可以有针对性地对它们的性格进行引导。每个人都知道，对不同性格的狗狗要因材施教，性格易怒的狗狗和性格鲁莽的狗狗其训练方式显然要有所区别。希望通过这本书能让主人们了解到因材施教的重要性，因为驯狗不仅是为了使狗狗服从主人，也关系到它们的身心健康，作为主人，我们有责任让狗狗在我们身边健康快乐地生活！

小贴士

思考会消耗大量的能量，所以每次智力游戏的时间在20分钟以内为宜，而且每天最多进行两次，两次游戏至少应间隔1个小时。

动物为什么要思考？

动物和人类每天都面临诸多的问题，要躲避天敌、寻找食物、抚养幼崽以及寻找伴侣等等。

“生活就是不断地解决问题”，著名哲学家卡尔·波普尔的这句话很好地诠释了生活的本质。遇到问题，设法解决问题，这就是人类和动物生命大历程的写照。

思考就是为了解决问题，面对突如其来的问题，思考是解决问题最快捷、最高效的途径。

思考会消耗能量　思考会消耗大量能量，一个体重 75 公斤的成年人，大脑重量约 1.5 公斤，大脑需要消耗总能量的 20% 来维持正常活动。婴儿大脑消耗的能量占比还要更高，几乎占到了总能量的 60%。您是否想过狗狗的大脑会消耗多少能量？

▸ 对这只澳洲牧羊犬来说，开门只是小菜一碟。轻轻一转门把手，问题就解决了。

我也不知道这个问题的答案，但肯定要比人类低一些，毕竟狗狗不会像人类这么频繁地进行思考，不过这个比例很可能也不会太低，因为每次我们的测验结束后，参加测验的狗狗们都看起来筋疲力尽。

智力和性格

讨论动物的智力问题会招致很多人的反对，这些人认为只有人类才具备智力性行为的能力。我想持有这种观点的人无法解释下面这个测验的结论。莱比锡马克思－普兰克研究所的一组科学家进行过一项实验，想要发现黑猩猩是否会把利用水作为工具。约瑟夫·凯尔把黑猩猩最喜欢吃的坚果放在了一根大约 30~40 厘米长的透明塑料管里，塑料管被固定在地上，不能移动。黑猩猩首先试图把手指伸进管子里拿到坚果，当然失败了。黑猩猩的第二次尝试出人意料，可能很多人都想不到。黑猩猩来到水池旁边，用嘴含了水，又回到了塑料管旁边，把水灌进了管子里，它不断重复这个过程。随着水平面的升高，坚果也浮得越来越高，一直到黑猩猩很轻松地吃到了坚果。把水作为工具，这是一个多么巧妙的办法。这只黑猩猩曾经一定见过物体可以浮在水面上，并且知道可以利用这一点。而且它还明白，管子里的水越多水平面会越高。把这些联系到一起黑猩猩得出了这样一个结论："想要吃到管子里的坚果，我就必须把水灌到管子里。"它肯定也想过："我该怎么把水灌进管子里呢？"想出用嘴取水这个主意简直就是天才，如果这都不算是智力的行为，那什么才是呢？能够有机会亲眼看到这些动物界的"爱因斯坦"，我深感荣幸，无论是鹦鹉中的"高才生"艾利克斯，或者可以通过电脑和我聊天的倭黑猩猩坎兹，还是"万事通"瑞克，它们都改变了我对动物的很多想法，扩展了我的思维。

为什么动物不能通过大脑中的"模拟"，在不同阶段发展智力？为什么只有人类发展了智力？这种观点对我来说毫无价值，而且违背了我从生物学角度对这个世界的认知，特别是当"先天行为"、"习得行为"那些死板的原理不能适用于动物的时候。

可变智力和固有智力　对于如何定义智力这个问题，一直以来人们都争论不休。在科学界人们似乎倾向于把定义分层，"智力"被划分为可变智力和固有智力。可变智力表现为指大脑处理一定信息所需要的时间，因此在所有智力测验中完成任务需要的时间长短都是重要的评价因素。但可变智力并不能完全反映智力水平，还需要能够理解任务的关键所在才能完成任

您知道吗？

狗狗也有公平的意识。维也纳大学的弗里德丽克·朗格和她的团队证明了这一点。两只彼此认识的狗狗和一个小把戏就可以证明。起初，乖乖把爪子抬起握手的两只狗狗都可以得到奖励，几次之后只奖励其中一只，另一只抬起爪子握手，但是得不到奖励，受挫的一只下次就不会再配合，拒绝再和实验人员握手。

务。解决问题当然也需要一定的经验和知识，想要通过智力测验，特定的专业知识也是必不可少的，这些经验和知识就是人们所称的固有智力。在解决问题时可变智力和固有智力缺一不可。著名的神经生物学家格哈德·罗斯认为高智商的人有两个特点：一是可以很快对现实情况作出判断，二是可以很快根据判断决定如何应对。罗斯提出的这个判断标准完全适用于动物，当然包括狗狗。参与测验的狗狗和猫中绝大多数由于各种原因不能完成测验任务，但也一定会有天才猫或者狗狗顺利通过测验，比如前文介绍的会算数的小猫哈利，还有完成了所有测验的小狗柯拉。在每一次测验中柯拉都可以快速克服困难，显示出极高的"可变智力"。在智力测验中动物的表现差异非常大，有的动物很明显没有明白测试的问题所在，所以心有余而力不足。鹦鹉艾利克斯、倭黑猩猩坎兹、小狗瑞克它们都是动物中的"天才"，当然"天才"不止它们几个，但显然绝大多数动物不能像它们一样表现得如此出众。我从它们身上发现了一种不同的智慧，也就是个体的智慧。近期一项最新的关于人类智商的研究结果支持了我的观点。

基因的影响　研究人员发现，人类智力是由一系列基因决定的，以目前的技术我们甚至可以分离其中的一个基因。基于这个发现，爱丁堡大学的心理学家伊恩·德利提出了一个观点：认知能力在很大程度上是由遗传决定的。这个观点受到了很多知名学者的认同，包括哈佛大学的史蒂芬·平克教授。平克教授认为很多基因都会在不同程度上影响到人类的智力，否则就无法解释少年天才所展示出的惊人才华。我来自巴德符腾堡州，《巴登日报》就曾经报道过一个 10 岁的数学天才少年，他只是出于好奇参加了瑞士的高中毕业考试，最后居然考了最高分。他在数学上惊人的天赋来自父亲的遗传，他的父亲是一名数学教授。

生长环境的影响　基因不是影响智力的唯一因素，生长环境也会对智力发展产生影响，只不过这种影响并不像一些教育学家所说的那么明显。目前还无法得知究竟哪些基因影响着智力的发展，向智人的进化对狗狗有什么影响？人类是生物智慧发展的顶峰，但其他生物随着时间的推移也能逐渐学会理解复杂的关系、学会分析情况、具备更强的适应性和灵活性。人类智慧的基因也不是凭空出现的，而是来自于我们的祖先，为什么其他动物不可能拥有呢？动物身体里的智慧基因只是处于休眠状态，还没有被唤醒而已，西伯利亚地区被驯化的狐狸就充分证明了这一点。俄罗斯科学家迪米特里・别利亚耶夫饲养了一群银狐，他根据设计好的繁育计划，不断选择最温顺的银狐进行交配。小狐狸出生一个月大的时候，会第一次从人类手上吃到食物，喂食的时候会尝试用另一只手抚摸小狐狸。小狐狸成年后科学家会从中挑选出野性难驯的淘汰掉，只留下亲近人类的狐狸进行下一代的繁殖。经过十轮的淘汰大约 18% 的狐狸能和人友好相处，三十五轮淘汰后这一比例高达 80%。这些狐狸的身体里发生了什么变化？一般情况下野生狐狸在两个月到四个月大的时候，血液里一种应激激素的含量会急剧增加，这种激素使狐狸抗拒和人类接触。科学家驯养的狐狸血液中这种激素的浓度一直保持较低的水平，这不仅改变了它们的性情，还影响了它们的外观，在这些人工繁育的狐狸中耳朵下垂的比例明显上升，但这也还不是故事的全部。

小贴士

如果您也想给爱犬出几个智力题，请一定要选择它熟悉的环境，避免刺眼的灯光和过多噪音，并且测验过程中不要让陌生人影响到它。

2005 年美国科学家布莱恩・黑尔在别利亚耶夫实验的基础上，进一步深入研究驯养的狐狸是否能够读懂人类的手势。实验的结果引起了科学界的轰动，小狐狸和小狗一样通过了各种各样的测试。黑尔用狼和黑猩猩重复了同样的实验，但并没有取得预期的效果。这表明人为筛选繁育能够使狐狸具备理解人类肢体语言的能力。但是领会人类手势对于动物来说一点都不容易，这需要一定的社交能力和情商。

智力测试

还有一个问题摆在我们面前，该如何使智力量化？大家应该都听说过智力测试，通过回答不同的问题测试语言运用、空

▸ 人类和狗狗组成了一个亲密的小团体。对于狗狗来说，它的主人是最最亲近的人。

间想象、逻辑思维、计算、图像组织和填充、归纳整理等方面的能力。有的问题考察记忆力，有的考察词汇量，也有的题目是纯粹的知识性问题。大多数人的智商在100左右，这是通过定义确定的数值。不管人们怎么评价，这些测试终究有可取之处。通过这些测试，一些埋没在人群中的天才少年被挖掘出来，最终成就了一番事业。智力测试必须符合测试对象的文化背景，设计智力测试是一件十分艰难的工作，设计针对狗狗的智力测试更是难上加难。因为不同品种的狗狗各有所长，也各有所好，但如果奖励刺激得当，它们又会展示出很多共同点。前文所介绍的“问题笼子”测试，我们让所有品种的狗狗都进行了尝试。

很难设计一个可以适用于所有测试对象的实验，这是一项十分繁重的工作。承认狗狗具有思维能力的人还是少数，即使是驯犬师也很少提及这个话题。这简直令人无法想象，毕竟驯狗、培养和狗狗之间的默契是他们的日常工作。在我看来很多驯狗的方法虽然看起来花哨，但其实都是单调重复的训练，对狗狗的思维能力也是一种抑制。一些测验测试狗狗是否能识别简单的口令，或者像我们所进行的测验，测试狗狗是否明白简单的物理规律，以及解决问题需要的时间。与人类的智力测试不同，狗狗不需要重复听到的数字，但是需要知道食物藏在什么地方。对狗狗进行智力测验可以帮助人们发掘狗狗的潜能，而且狗狗也会从测验中得到乐趣，因为这些测验可以打破日常生活的单调。无论如何，即使狗狗没有通过测验，测试题目也不能给它带来消极影响。此外，人和狗狗之间的伙伴关系也要考虑在内。总之，人和狗狗双方的需要都要顾及，让狗狗能过得充实快乐。

智力是一种性格特征吗？

原则上，性格特征并不包括智力。我认为这是不合理的，因为智力是人格心理学的重点研究对象。正如我们看到的，智力水平很大程度上是与生俱来的，没有哪一种性格特征像智力一样受基因的影响如此之大，不管是一个人的宽容度还是情绪的稳定性。基于此，我有一个大胆的猜想：基于测试中狗狗解决问题的表现，很明显它们解决问题时会受智力和性格的双重影响。特定性格的狗狗会对智力游戏表现出极大的兴趣。但是如果不给狗狗动脑筋的机会，我们是无法判断它们的性格特点的。聪明的狗狗经常表现得很活跃，它们喜欢接受挑战，喜欢新鲜事物，否则就会容易烦躁，这一点很像聪明的孩子，如果一直重复简单的任务就很容易沮丧。

▸ 研究证明，和狗狗一起长大的孩子会比没有接触过狗狗的孩子长大后更擅于社交。

小巴鲁探索新世界

巴鲁是我家的新成员，它的到来给了我一个追踪它生命成长轨迹的机会，这对我一直以来的研究方向——行为生物学是一次难得的机会，通过巴鲁我可以获得第一手的资料。对我和巴鲁都是一场奇妙的旅程。

在妈妈温暖柔软的“摇篮”里

巴鲁出生在远离游人、白雪皑皑的瑞士群山里。它的生日恰好是2011年的圣尼古拉斯节。巴鲁出生的地方充满了阿尔卑斯山风情：清新的空气，放眼望去群山起伏，是度假休闲的天堂，也许巴鲁就是从天堂降落到人间的天使。不过巴鲁刚出生的时候体重只有680克，闭着眼睛，无助地来到了这个世界。巴鲁长得很快，一年之后它的体重几乎翻了100倍。12个月大的时候，巴鲁已经65公斤重，全身都是健壮的肌肉，赛跑的时候不会输给任何一只牧羊犬。巴鲁的生长速度如此惊人，我们人类望尘莫及，人类婴儿的体重在第一年最多能够增长3~4倍。

如果了解生物细胞生长和新陈代谢的速度，您可能就不会如此吃惊于巴鲁的变化。这大概也是大型犬通常比小型犬的寿命要短的原因。巴鲁有六个兄弟姐妹——五个姐妹和一个哥哥。七个小家伙一起在妈妈艾玛的肚子里度过了64天。妈妈的肚子里肯定更温暖，而且一直有充足的营养。当妈妈艾玛跑得太快的时候，几个小家伙就像在摇篮里一样。没有出生的狗狗宝宝能感受到外部世界吗？它们会像人类婴儿一样在妈妈肚子里就开始学习吗？

学习从妈妈肚子里开始 20世纪80年代，科学家发现婴儿在母体中就可以感知外部世界震惊了科学界。我很幸运可以在两位杰出的法国科学家工作的基础上继续我的研究。我们一起拍摄过一个名为“来到新世界的艺术”的短片。比内尔女士谈到了卡斯佩斯教授的重大发现：胎儿在母体中时就可以识别母亲的声音，出生后和其他人的声音相比他们更喜欢母亲的声音。比内尔女士和勒卡尼埃先生想通过实验知道婴儿是否在出生后能记得在母亲肚子里时听到过的古典音乐片段。参加测试的宝宝叫查理，他刚刚出生一天的时间。研究人员给了查理一个特殊的奶嘴，奶嘴里面有一个压力转换器连接着两台录音机。这样一来查理吮吸的节奏不同，录音机就会播放古典音乐或者摇滚。查理总是会选择播放在妈妈肚子里听过的古典音乐。经过大量的实验科学家们得出结论：婴儿更喜欢在妈妈肚子里听过的音乐。不仅是人类的胎儿，尚未孵化的小鸟也可以在蛋壳里感知外部世界。伯尔尼大学的彼特·禅茨教授通过实验证明了这一点。禅茨教授以生活在挪威峡湾的海鸠为研究对象，为了将来知道小鸟各自的父母是谁，禅茨教授把鸟蛋进行了区分。禅慈教授从不同的鸟窝里各拿走了一个鸟蛋，把它们放进孵化箱孵化。在计算好的时间点禅慈教授把鸟蛋从孵化箱里取出来，分别给它们播放父母的声音。但问题是人工孵化的幼鸟能够识别父母的叫声吗？小鸟宝宝丹尼尔和其他小鸟一起挤在一个纸箱里，纸箱的一侧是打开的，用一条毛巾盖住，这样小鸟可以离开纸箱。纸箱对面有一台录音机，连接着扩音器。研究人员开始播放丹尼尔父母的叫声，丹尼尔跌跌

▸ 滑头的巴鲁。没有人能抵抗巴鲁这个惹人怜爱的表情，轻轻的抚摸是最好的安慰。

撞撞地爬出了纸箱，径直来到了录音机旁边，而其他的幼鸟都留在温暖的纸箱里。幼鸟会把破壳前重复听到的声音当作是父母的呼唤，研究人员一直给一个鸟蛋播放瑞士邮政的音乐，鸟蛋孵化后小鸟一直把这个声音当作父母的“呼唤”。以上诸多的实验表明，不管是哺乳动物还是鸟类出生的时候都不是一张“白纸”，还在妈妈肚子里或者蛋壳中时，幼体性格的塑造就已经开始了。在妈妈肚子里就能“认识”妈妈会让宝宝更好地适应这个将降生的世界。巴鲁和它的妈妈艾玛是不是也有这样的联系呢？这个很难证明，因为小狗崽在出生后的 10~14 天里眼睛和耳朵都是“关闭”的。目前为止几乎没有人对狗狗的胚胎进行过研究，所以没有人能给出肯定的结论。

不过狗狗的嗅觉十分灵敏，也许小狗崽是通过嗅觉来认识妈妈的。贝尔法斯特皇家大学的德博拉·L. 维尔斯和皮特·G. 海普最先提出了这个假设。研究人员在狗狗妈妈的食物里加入了一定量的茴香和香草，这样羊水里也会含有这两种植物的成分。如果两位科学家的猜测是正确的，那么小狗崽出生后会记得茴香和香草的味道。

研究人员在一只狗狗妈妈的食物里加入了茴香，小狗崽出生 23 个小时后，研究人员把小狗崽放在一个加热的垫子上，左右各挂了一条小毛巾，左侧的浸泡过茴香水，右侧的只用蒸馏水打湿。根据统计，小狗崽向左侧嗅的次数明显超过右侧。第二次实验中把茴香味的毛巾换成了香草味，这次小狗崽向两侧嗅的次数基本一样，因为狗狗妈妈的食物里没有添加过香草。

研究人员进行了大量的对照试验，得出的结论始终都是一样的：狗狗宝宝在母体里也会感知外部世界，只不过是通过嗅觉，在母体里它们会记住特定的气味，出生后靠气味的记忆找到妈妈，这也说明刚出生的小狗崽也不是一张白纸。小狗崽在妈妈肚子里能够记住气味也一定不是偶然，毕竟狗狗对气味最为敏感。狗狗对气味的感知是我们人类无法想象的，它们能够辨识非常复杂的气味，甚至远远超出我们的想象。在妈妈的肚子里时，狗狗宝宝们就已经在学习这个本领了。

痛苦的选择

巴鲁的“人生”开始得非常顺利，妈妈艾玛平安地生下了它和几个兄弟姐妹，而且有充足的奶水喂养小家伙们，经过一阵小小的争抢，小狗崽们都心满意足地喝到了奶水。8 周对于满怀期待的我们来说也显得如此漫长，一接到消息我们就出发前往瑞士，去迎接我家毛茸茸的新成员。我们可以在两只小狗

测试：您的狗狗有朋友吗？

动物之间是否存在友谊？科学界对这个问题的研究基本还是空白。我和一群虎皮鹦鹉共同生活了 25 年，我看到了它们之间亲密无间的友谊。狗狗们是不是也是一样呢？我认为答案是肯定的，一起散步的小狗狗很容易成为好朋友。

	A	B	C
1. 一周没见后两只小狗狗是怎么打招呼的？ A. 摇尾巴的同时发出愉快的声音，亲密地嗅来嗅去　B. 先停下来观察一下彼此，然后慢慢走近互相嗅	●	●	●
2. 更长时间没见后它们是怎么打招呼的（比如 6 个月）？ A. 摇尾巴的同时发出愉快的声音，亲密地嗅来嗅去　B. 先停下来观察一下彼此，然后像玩伴一样彼此问候	●	●	●
3. 两只狗狗会在同一个碗里吃东西吗？ A. 会　B. 不会	●	●	●
4. 和其他狗狗相比，两只狗狗会不会更经常互相舔毛和嘴巴？ A. 会　B. 不会	●	●	●
5. 几只狗狗（四只或者更多）一起玩耍后停下来休息 A. 两只狗狗依偎着躺着一起 B. 两只狗狗各自躺在地上休息	●	●	●
6. 两只狗狗一起玩耍时会不会一方想“领导”另一方？ A. 会　B. 不会	●	●	●
7. 如果一只更强壮的狗狗想攻击它们中的一个，另一个会是什么反应？ A. 它会向陌生的狗狗做出威胁的动作，和另外一只狗狗站在一起　B. 它会低垂着尾巴逃走或者慢慢走开	●	●	●

答案

如果您所有的问题都选择 A，那么您的爱犬很可能有一个亲密的朋友；如果您的答案中 A 占大多数，那么您的爱犬和这个玩伴相处得很不错；如果答案中 B 占大多数，那么您的爱犬还没有找到合适的朋友。

崽里挑选，这是一个痛苦的选择，两只小狗崽都一样可爱。这个时候，我的生物学知识派不上用场，除非小狗崽明显有疾病或者残疾。那些所谓的《养狗秘籍》里推荐的挑选小狗崽的测试没有一点科学依据，就像吉普赛人算命。即使是科学文献里也几乎没有相关的资料，唯一一项研究也不尽人意，结论自相矛盾，不能自圆其说，不过这也情有可原。

在本书第二章中介绍过生长环境和大脑的可塑性对个体性格的影响作用非常大。这个过程主要集中在幼年时期，一直持续到青春期，当然也会有一部分行为习惯由于个体遗传因素的影响很早就被固定下来。比如巴鲁听到救护车警笛声的时候，就会像狼一样扯着脖子，仰天嚎叫。

相信您的直觉 最后我们选择了巴鲁，因为它的额头上的花纹看起来像一顶小皇冠，非常漂亮。我们的决定一点都不理性，完全是凭借直觉。不过我的确拜访过巴鲁出生的狗舍两次，检查巴鲁妈妈的饲养环境，仔细考虑之后才决定从这家狗舍选择小狗崽。巴鲁妈妈被照顾得非常好，和主人一家的关系也很亲密。狗舍主人全家都是圣伯纳犬的忠实粉丝，我亲眼看到了一家人和小狗们的交流互动，看到他们如何给狗狗指令，如何教小狗们遵守纪律。

狗妈妈艾玛身体状况非常好，体型适中，而且看起来很自信，有很强的好奇心，性情也很温顺。艾玛对我的狗狗维斯拉也很友好，它俩一见面就互相嗅来嗅去，用它们特有的方式打招呼，然后相安无事。巴鲁的爸爸住在 100 公里以外的地方，是个大块头，我从来没见过体型如此之大的圣伯纳犬。巴鲁爸爸有 75 公斤重，肩高 85 厘米，十分强壮、机警，性情也很温顺。挑选小狗崽最重要的就是不能心急，一定要尽量了解狗妈妈和主人的情况。我们第一次拜访艾玛的主人用了将近 3 个小时，第二次稍短但也差不多。

新的旅程

巴鲁差不多14周大的时候，我们带它离开了白雪皑皑的故乡。瑞士法律规定小狗崽至少要12周之后才能被送养，这是因为小狗崽出生后的8~12周是它身体发育的高峰期，这个时期留在妈妈和兄弟姐妹身边更有利于小狗崽大脑和神经系统的发育。14周大的巴鲁长大了很多，它现在有14公斤重。巴鲁要跟我们一起开始一段全新的旅程了，我们永远也无法知道在回弗莱堡的路上它的小脑袋里在想些什么，不过可以想象。返程前我和妻子一起陪巴鲁在雪地里玩耍，我们把雪球扔给巴鲁，看它绒球一样的身体陷进雪里。巴鲁玩儿累了，在我的怀里昏昏欲睡。我抱着巴鲁坐到车里，本来眼睛都要睁不开的巴鲁突然醒了，好奇地看着四周，用鼻子不停地嗅来嗅去。对巴鲁来说一切都是陌生的，新的小毯子、维斯拉陌生的气味。巴鲁一路上都很安静，趴在我的膝盖上看着窗外的大树、房子和汽车飞驰而过。巴鲁来到了我身边，我有责任给它一个温暖安全的家。一路上我轻轻抚摸巴鲁，和它说着话。巴鲁看起来很

▸ 在妈妈身边的小狗崽会感觉到安全，作为主人的您也要努力给它这样的感觉。

满意，没有表现出对新环境的害怕。但是对它来说，陌生的东西还是太多了，发动机的噪声，还有起步停车的晃动。它所有的感官都受到了新事物的冲击，视觉、听觉、嗅觉还有平衡。这一切导致的后果是巴鲁吐了两次。这其实不是那么糟糕，最重要的是巴鲁一直可以感觉到我陪在它身边。路上我们休息了很多次，一个半小时后我们终于回到了家。到家之后我们没有着急进到房间里，而是又陪着巴鲁在院子里玩了一会儿，这样做是为了赢得巴鲁的信任，和它建立起更好的关系，同时可以减少巴鲁离开妈妈、兄弟姐妹和熟悉的环境所带来的孤独感。如果小狗崽感觉被遗弃了，就很容易产生害怕的情绪，对它的身心健康十分不利。

巴鲁搬进新家

刚刚搬进新家，巴鲁还不能随意探索新领地，在我们9岁的圣伯纳犬维斯拉接纳巴鲁前，巴鲁都要和维斯拉用栅栏分开。让维斯拉接纳新成员巴鲁一点都不容易，因为维斯拉很黏人，很容易嫉妒。写到这里我似乎马上听见很多驯犬师或者狗狗主人在说："这种情况下，要让狗狗明白主人和它之间的服从关系。"在我看来这种观点太粗暴了，只考虑了主人的利益而完全忽视了维斯拉的感受。

安抚维斯拉的小脾气 我和狗狗一起生活的目标是我们都能从共同生活中得到乐趣，和睦相处，在这样一种关系里没有绝对的控制和服从，所以我必须照顾维斯拉的感受，尽力让它嫉妒的情绪降到最低。如果我处理不好的话，维斯拉会觉得被冷落，会嫉妒巴鲁，进而会把巴鲁当作敌人。这是一个很棘手的问题，一方面巴鲁来到新家需要我们的关爱，而另一方面我们对巴鲁的关注会让维斯拉嫉妒。我和维斯拉在它最喜欢的房间里，它舒服地躺在她的垫子上，我轻轻抚摸着它的毛。我和维斯拉都很放松，不过为了巴鲁的安全着想我给维斯拉带了项圈，这样如果它对巴鲁不友好的话我还可以及时拉住它。我妻子抱着巴鲁走进了屋子，维斯拉没有什么反应，

寓教于乐——狗狗之间的学习

从娃娃开始

小狗崽在和兄弟姐妹的嬉闹中可以练习将来它们需要掌握的所有本领：灵活性、耐力、力量、动作以及和同类相处的技巧。小狗崽出生后第三周就会开始把兄弟姐妹当作训练伙伴一起“学习”。一只小狗崽用爪子碰触兄弟姐妹发出邀请，随后就会发展成一群小狗崽的混战。

磨牙训练

小狗崽出生后第三周会开始换乳牙，这个时期小狗崽会用牙咬一切能放进嘴里的东西，兄弟姐妹是用来磨牙的首选。通过这个磨牙游戏小狗崽可以感知彼此，同时练习如何撕咬。兄弟姐妹的耳朵和腿是它们最喜欢的“磨牙棒”。

专心享受着我的抚摸。直到我妻子抱着巴鲁走进了房间，维斯拉才转过头看向我妻子。这个时候巴鲁表现得非常安静，像是着迷了一样看着维斯拉。维斯拉和巴鲁能彼此接纳吗？维斯拉的反应完全出乎我们的预料，它站起来，眼神在我妻子和巴鲁之间游移。我妻子叫维斯拉的名字，但它听到了却一动不动。维斯拉的反应太反常了，通常维斯拉一看到我妻子都会非常开心。维斯拉在想什么？我想在维斯拉的心里一定是嫉妒心战胜了对新成员的好奇心。它的嫉妒表现出来就是对巴鲁的排斥，但是为什么它没有攻击巴鲁呢？原因可能有很多，比如维斯拉知道巴鲁是同类的“小孩子”，虽然可以不喜欢但是不能进攻，或者维斯拉明白我不会允许它攻击巴鲁，也有可能是维斯拉的母性使然。在接下来的两个小时里维斯拉一直保持着对巴鲁的无视，哪怕我们把巴鲁放在维斯拉面前。维斯拉对巴鲁的反应只有一个——把头转开。维斯拉的表现让我很担心，因为不管是人还是狗狗都需要把情绪表达出来，否则压抑太久就很可能以一种失控的方式爆发出来。对维斯拉来说它很可能会咬伤巴鲁。随后的三天里我一直不敢让维斯拉和巴鲁离开我的视线。终于在第三天的晚上，维斯拉主动靠近巴鲁，用鼻子嗅着巴鲁的气味，迈出了和睦相处的第一步。

一个都不能冷落 让两只原本不认识的狗狗在一个屋檐下和平共处需要掌握好分寸，主人不能强求它们一下子就成为朋友，要给它们时间慢慢熟悉。很重要的一点就是我不能让维斯拉因为巴鲁的到来觉得受到了冷落，我甚至用了更多的时间和维斯拉相处，它的作息习惯完全没有发生任何变化，我不能让维斯拉有一点点被冷落的感觉。这听起来很简单，但是很难做到。14 周大的巴鲁憨态可掬，看起来就像泰迪熊一样可爱，它像吸铁石一样吸引了我们的注意力，这样一来就会很容易忽视维斯拉。还好有我和妻子两个人，我们轮流和维斯拉还有巴鲁一起玩耍。

巴鲁也很配合我们，从来没有纠缠过维斯拉，它很尊敬维斯拉，但这不是害怕。巴鲁对维斯拉的尊敬是发自内心的，它经常静静地在旁边看着维斯拉，就像我经常做得那样，我经常站在旁边观察两只狗狗，解读它们的情绪和心理，也许巴鲁是在模仿我的行为。巴鲁第一次见到维斯拉的时候在想些什么，它是害怕这只陌生的大狗狗，还是说已经熟悉了圣伯纳犬同类的体型？也许我们可以从巴鲁的行为推测它的想法和情绪。从瑞士回弗莱堡的路上，在一次停车休息的时候，我们遇到了一只巨型雪纳瑞母犬。巴鲁当时在蹦跳着玩耍，突然看到了这个高个子的"阿姨"，巴鲁眨着大眼睛看着这只巨型雪纳瑞，它的鼻翼在不停地翕动，努力分辨空气中的气味，分析这个陌生的同类。巴鲁分析的结果很明显，陌生的气息和外表让巴鲁害怕了，它垂着尾巴跑开了。不需要很了解狗狗的行为，也能从巴鲁的表现分析出它的心理活动。虽然这只巨型雪纳瑞对巴鲁释放了善意的信号，它欢快地摇着尾巴，耳朵向后竖着，但巴鲁完全不明白它的意思。

第一次遇到维斯拉的时候，巴鲁的表现完全不一样。巴鲁在我妻子的怀里观察了维斯拉一会儿，就挣扎着想下地。我妻子把这个小家伙放在地上，它就迈着小短腿朝着维斯拉走过去。但当维斯拉把头转开的时候，巴鲁停下了，我妻子重新抱起巴鲁，就像前面说的，我们不想操之过急。通过这个意外的小实验，我们发现巴鲁已经学会了分辨同类的外貌，它完全分得清巨型雪纳瑞和圣伯纳犬的长相。到现在我们可以确定地说，不能指望维斯拉帮助巴鲁克服初到我家的害怕和孤独，毫无疑问这是我和妻子的任务，不过我们很乐意接受这个任务。

小贴士

个体的性格特点比品种的共性更重要。胆小的狗狗需要更多鼓励和关注，而精力充沛的狗狗需要经常性的约束。训练胆小的狗狗，第一步是要帮它克服恐惧，而莽撞的狗狗需要您的关爱，也需要始终如一的纪律约束它。

什么对小狗崽最重要？

为了回答这个问题我们需要深入狗狗的内心世界。我尽量用简单的语言来描述，这样您才能更好地感受小狗崽的想法。学术性的措辞过于刻板枯燥，生活化的语言更能帮助您理解，使您产生共鸣。

要经得起失败 从巴鲁登上我们汽车的那一刻开始，它的世界就发生了翻天覆地的变化。它无时无刻需要迎接新的挑战，它离开了妈妈和兄弟姐妹，还有它曾经的主人。它被一个陌生人抱在怀里，陌生的气息、陌生的外貌、陌生的声音。这种变化对于出生没多久的小狗崽可以算是翻天覆地。抚养照顾幼崽似乎是哺乳动物的天性，但这并不仅限于喂养幼崽，还包括精神上的关怀。哈里·哈洛教授和他的夫人以恒河猴为研究对象进行的实验令人印象深刻。小猴子出生后马上从母亲身边被带走，在它们的笼子里有两个假人充当猴妈妈的替代品。一个假人有柔软的毛发和面孔，另一个长得虽然很像猴妈妈但是用金属丝编成的。小猴子们只在饿了的时候去找“金属丝妈妈”，平时的时候更喜欢依偎在有毛发的假人怀里。这个实验证明了肢体接触对小猴子成长的重要性，和同类隔离长大的个体表现出了显著的发育障碍，例如行动僵硬、攻击性强以及孤僻和学习能力低下。亲子关系对于个体的社会化过程显得尤为重要，最新的研究也证明了这一点。马格德堡的卡塔琳娜·布劳恩教授和她的团队把八齿鼠的幼崽在不同成长阶段或者一直和父母以及兄弟姐妹隔离开，这对八齿鼠宝宝来说是一种充满压力和恐惧的经历。研究人员对隔离长大的八齿鼠大脑的能量消耗作了检测，它们大脑边缘系统对火花的反应迟缓了很多。研究人员对这些八齿鼠的大脑进行了更细致的检查，发现了十分重要的生物学变化。这种变化直接影响了八齿鼠的学习行为和社会行为。科学家从恒河猴和八齿鼠身上得出的结论在多大程度上能够适用于狗狗还是个未知数，但是很多学者都持肯定态度，因为这两种动物都是群居，组成了复杂的社会形式，族群里母亲都起着十分重要的作用。

您知道吗？

维也纳大学的弗里德里克·朗格教授发现狼嚎叫是为了呼唤朋友。他把一只狼和狼群隔离开之后发现，多少狼会嚎叫取决于它们和这只狼关系的亲密程度，而不是这只狼在狼群中的地位。

▸ 很多人有一个误区，认为狗宝宝更需要主人的爱抚，其实这是错误的，反而是成年狗狗更喜欢主人抚摸它们。

请温柔对待您的小狗崽——训练狗宝宝不能拔苗助长

人们常说“少壮不努力，老大徒伤悲”，而且经常把这个观点贯彻在小狗崽的训练上。我对这个观点不能苟同，人和狗狗良性互动的第一步是建立狗狗对主人的信任，只有如此才能使狗狗的身心健康发展，拔苗助长只能事倍功半。

狮子、狼或者狗狗会教育它们的幼崽吗？它们在一定程度上会这样做，只不过它们对幼崽的教育非常有限。如果幼崽嬉闹的时候咬疼了它们，或者打扰了它们休息，它们就会失去耐心。不过总体而言，动物妈妈的反应不会很严厉，它们会露出牙齿发出威胁的咕噜声；如果还是没用的话，它们会咬幼崽的耳朵。与之相比，我们人类在训练小狗崽的时候是不是不够严厉？我们无法知道小狗崽对人为造成的环境变化是如何适应的。

小狗崽的大脑功能发育尚不完善

小狗崽的大脑有能力适应人类社会的种种发明创造吗？试着想象一下，和您一起在十字路口等信号灯的时候，面对熙熙攘攘的人流和车流，狗狗会感受到多么强烈的冲击。这种换位思考对您来说可能会很难，毕竟这是您日常生活的一部分，已经司空见惯。但是即使这些再平常不过的生活细节对成年人而言也潜伏着危机。我的一位非洲的朋友曾经到斯图加特拜访我，他来自塞伦盖蒂附近的乡村，在斯图加特他第一次见到信号灯。当时正值交通高峰，拥挤的车流把他吓坏了，我不得不抓住他的胳膊，以免他在横穿马路的时候横冲直撞。回到小狗崽身上，狗狗的本能在这种时候完全用不上，它必须学会如何应对这些，而且要在非常短的时间内掌握。所以我在这里恳请您不要对小狗崽拔苗助长，不要强迫训练它们学不必要的口令，随着大脑功能的完善它们会慢慢学会的。如果您能顺其自然地训练它们，让它们快乐地成长，它们一定会非常感激您。在和主人的共同生活中，随着身体发育，很多本领小狗崽慢慢自然而然就会掌握，认为从最开始就要确立主人绝对权威的观点在我看来是错误的，包括这个观点的支持者们所担心的“长大后狗狗会不服从命令，挑战主人权威”。小狗崽还不能完全理解族群这么复杂的概念，更不要说族群领导者的权威了。好的训狗学校也会在训练中教会小狗崽服从，不过不是强迫它们，而是在游戏中让它逐渐掌握和人类共同生活所需要的基本规则。换位思考对所有领域的合作理解都有益而无害，特别是在情感的世界里。

受伤的心灵

医治受伤的心灵通常都是一个漫长的过程，而且伤口虽然可以愈合，但伤疤永远都在。情感不会从天而降，而是随着大脑的发育逐渐形成的，是基因和生长环境共同作用的结果。狗狗在幼年时期对恐惧、压力和好斗这些情感的处理会影响到它们性格的形成。对包括人类在内的哺乳动物的研究表明，害怕、恐惧和好斗这三种情绪与学习和经历密切相关，这一点在动物幼崽身上表现得尤为显著。动物也会受到一些令其不愉快，甚至威胁性的情绪影响，比如军犬。大脑的海马体和杏仁核负责控制学习和记忆。当然除了学习和经历的影响外，个体的基因也发挥着重要的作用，也就是说，在以上三个因素的影响下有的个体倾向于进攻，而有的倾向于逃跑。尽管如此我们还是可以在一定程度上塑造小狗崽的性格。但是情感在这个问题上的作用往往被人们低估了，人类和动物的专家都知道，事实上是情感左右理智，而不是理智左右情感。情感会影响我们的决定，决定我们在特定情况下如何行为。狗狗也是有情感的，它们可以像人类一样有喜有悲，也会害怕和难过。

▸ 小狗崽应该以轻松玩耍为主，学会一些和人类共同生活必需的日常基本规则就好。

▸ 无忧无虑的童年和亲密的情感交流有助于小狗崽形成良好的性格。

被遗弃的感觉

因为科学研究表明，母子关系在小狗崽的成长过程中至关重要，所以我和我妻子尽力关怀巴鲁，我们觉得有责任填补巴鲁远离妈妈和兄弟姐妹的失落。狗妈妈会为宝宝做什么呢？狗妈妈会在它们视力和嗅觉所及的范围内，始终陪伴在宝宝身边。狗宝宝从妈妈营造的“安全区”开始慢慢探知世界，我和妻子也想为巴鲁提供这样一个“安全区”。因此最初的几周里，巴鲁晚上睡在我们的卧室，这样亲密的距离有助于我们和巴鲁建立相互联系，这种联系是我们发展良好关系的基础。只有建立牢固的关系才能经受住各种问题的考验。每个人都了解自己，知道自己的优点和缺点。我所有的狗狗已经这么大了，我不希望它们在小时候经受被遗弃的创伤。德国法律规定小狗崽要到 12 周才能送养，但是即便对于这么大的狗狗宝宝仍然很难——而且肯定压力很大——独自在一个房间里过夜。从生物学角度讲，动物独自一“人”即意味着危险。我养过很多只狗狗，但从来没遇到到过伤人或者训练方面的问题，也许就是因为我和它们建立了良好的关系。主人和狗狗之间良好的关系能够带给狗狗安全感，帮助它们养成健康的性格。随着身体和心理的成长，小狗崽会逐渐变得成熟稳重，度过它们的童年时代。

正如我们所期待的那样，巴鲁平静地度过了在我家的第一个晚上。我把它喜欢的小垫子放在我们床边的地板上。大概一个小时之后巴鲁醒了，意识到自己来到了一个新的地方，它低声呜咽着，在房间里转来转去。我把巴鲁抱回到它的小窝，轻轻抚摸着它的毛，轻声地安慰它，就像哄婴儿入睡一样。这个方法很管用，没一会儿巴鲁又睡着了。晚上巴鲁醒了三四次，每次我都这样安抚它。最初我不是很肯定它频繁醒过来是因为孤单，还是想要排泄。仔细观察之后我发现，如果巴鲁想排泄，它会用鼻子在地上嗅来嗅去，就像是在找一个适合的地方。80% 的情况下我都猜中了巴鲁的意图。四天后巴鲁在夜里不会再游荡了，它调整了生物钟，我也终于可以一觉睡到天亮。小家伙每天都可以从晚上十一点半睡到第二天早上六点，期间偶尔醒过来，我就会抚摸着它的毛，让它感觉到我的存在。这一切可能听上去很辛苦，但这些付出会在将来得到回报——一只情绪稳定的狗狗。现在我亲手为我的小伙伴巴鲁打开了通往新世界的大门。在此再次提醒您，简单的遗传和外部环境二元决定论已经过时了。

生活环境影响性格塑造 没有哪位严谨的科学家会再怀疑，是基因勾画出了动物智力和行为的基本线条。对于巴鲁的基因我已经无能为力了，不过我可以通过生活环境塑造它的性格。在巴鲁出生后的第一年是它学习的高峰期，这个阶段它的神经元分裂生长速度非常快，神经元树突像春雨后树木萌发的细枝嫩芽一样蓬勃生长。神经元上长满了像刺一样的突触，这些突触是神经细胞的联络点，通过突触，神经元可以接收其他神经元传递的信号。同时被触发的神经元越多，产生的反应越稳定。大脑中的某些区域在特定的时间段内发育，从而使个体具备相应的基本能力，这是对学习过程最简单的描述。学习在一定程度上塑造了个体的性格，这个过程很像制作雕塑作品，雕塑家用把已经初具轮廓的木头进行加工，雕刻出五官容貌和身体线条，把雕像打磨光滑，最后一件独一无二的雕塑作品就完成了，通过经历和学习生活环境也是这样塑造个体性格的。

小贴士

您有没有想过，狗狗也像人类一样各有所长。有的狗狗在学习任务、智力游戏面前束手无策，有的狗狗则完成地毫不费力。但即使是那些有点“笨笨”的狗狗也值得您关爱，需要您投入感情。您只需要几个简单的测试和练习就可以。

稳定的性格 我的愿望和目标很简单，就是尽可能让巴鲁在人类社会里形成健康的性格。在此我还是要强调，给小狗崽提供稳定安全的环境非常重要。狗狗妈妈的天性使然会让它这么做，您也需要尽力为它创造一个充满理解和关爱环境，让小狗崽获得安全感。带着这种安全感，您家的小狗崽才能更好地探索这个世界，学习应对各种挑战。

寓教于乐 在我家最初的几个星期，巴鲁在游戏中完成了对房子和花园的探索。笨拙的巴鲁不小心掉进了水池，它还会围着鸟舍嗅好久，偷听虎皮鹦鹉们叽叽喳喳地说话。生活中没有朋友会是什么样子？我们的街区里还有一只寻回犬弗洛克和一只迷你澳洲牧羊犬，它们三个差不多一样的年纪，每天都在一起嬉戏打闹。我们三个主人不干涉它们，让它们随意玩耍。小家伙们玩耍也是有规则的，虽然它们的比赛很简单。但正是在这些简单的游戏里，它们锻炼了大脑，学会控制力量以及赢得同伴的尊重。我们兴趣盎然地看着三个小捣蛋嬉戏，但我完全没有想过它们在游戏过程中训练到了哪些能力。巴鲁用行动告诉我们保持动作的协调性有多难，它经常在从斜坡上跑下来的时候摔跤，或者拐弯的时候不小心把自己绊倒。我真的很担心它会把腿摔断。巴鲁让我想起了我初学滑雪的时候，大家都知道刚开始学习一项运动的时候精神会有多紧张。但是在游戏中小狗崽们会学到很多，它们学会了格斗和追踪的技巧，学会判断玩伴的速度，在抢着从小溪里捡回木棍的时候也会被伙伴的勇气鼓舞。游戏不仅促进了小狗崽们身体的发育，也有利于它们大脑功能的发展。学习和思考会格外消耗小狗崽的能量，所以和人类婴儿一样它们也需要充足的睡眠。

了解不同的环境很重要 巴鲁每天都在学习新的本领，这对巴鲁的成长很有帮助，也很重要。从它小时候起，我就会每天带着巴鲁，不管去什么地方，我都小心翼翼地让巴鲁融入人类的日常生活。巴鲁惊奇地歪着头，看着身边这些两条腿的动物，一些情景会吓到它，比如巴鲁害怕看到人戴帽子或者摘帽子，在它看来好像是头被折断了。巴鲁太小了，它每次的反应都是一样的，竖起毛叫个不停。巴鲁很讨人喜欢，它可爱的外表让大多数人都忍不住想抚摸它，大多数时候我都不介意。这对巴鲁和人类相处十分有益，可以让它意识到人类是友好的“动物”，不会给它带来危险或者威胁。尤其在孩子们面前，我会给他们充足的时间和巴鲁玩耍，他们想和巴鲁玩儿多久都可以。如果是年纪很小的孩子，我还会让他们的小手抚摸巴鲁头上的软毛。孩子

▸ 离开妈妈和兄弟姐妹以及熟悉的人类，太多的新事物会冲击小狗崽的接受能力。

们会因为巴鲁喜笑颜开，巴鲁自己也一点都不介意。相反，它好像也很享受孩子们的关注。如果孩子们太多了，我和巴鲁就会离开，保持平静是最重要的。和巴鲁在一起，孩子们知道了有温顺的小狗崽，巴鲁知道了有乖巧的孩子。但这并不是他们理所应当明白的，愚昧无知经常破坏人类和狗狗之间的关系。

狗狗需要与狗为伴

狗狗是群居动物，并且只有在族群里它们才能学习如何与同类相处，学习狗狗特有的复杂语言，并且据此修正自己的行为。如果不给小狗崽和同类相处的机会，那它长大后极有可能行为失调，无法融入社会，甚至可能会因为暴躁易怒变成一颗定时炸弹。

狗狗的茶话会 巴鲁每周的固定项目之一就是去参加“茶话会”。在这里主人们带着各自的狗狗聚集到一起，让小狗崽们自由玩耍。每个主人都抱有同样的目的：小狗崽应该和同类在一起自由奔跑。虽然有时候它们也会有小的摩擦，但只要不是十分激烈，我们都不会干涉。

对于巴鲁这个新手来说，“茶话会”到处都充满挑战。长长短短的牵狗绳交织在巴鲁面前，被大大小小的狗狗围着嗅个不停，巴鲁对此只能忍耐。几次之后，巴鲁终于不再是“茶话会”的新人，成功找到了合适的玩伴！巴鲁很好地融入了同类中，但是发生了一个例外。巴鲁已经 5 个月了，长得大概和拉布拉多一样大。我和其他主人在旁边聊天，没有注意到发生了什么。突然一个大个子的霍夫瓦尔特犬朝着正在玩耍的几只小狗崽冲过来，巴鲁不幸地成了它攻击的目标。巴鲁吓得扭头就跑，就在巴鲁快被追上的时候维斯拉站了出来。维斯拉的态度很明显，在场的人都意识到：要小心了。维斯拉的气场让主人们和其他狗狗感到不安，作为成年的圣伯纳犬维斯拉有 65 公斤重，它威胁地露出牙齿，咆哮着朝着那只霍夫瓦尔特犬冲了过去。显然维斯拉对它发起了攻击，霍夫瓦尔特犬明智地逃跑了，它知道面对维斯拉它没有胜算。

对于维斯拉的反应，我在两方面感到很吃惊：第一维斯拉竟然站出来保护巴鲁，在家的时候我没有发现一点迹象两只狗狗的关系这么密切；第二维斯拉赶走霍夫瓦尔特犬之后慢慢走向巴鲁，从头到脚嗅了巴鲁一遍，还舔了巴鲁的嘴巴。

从这一刻开始，我不再担心维斯拉会攻击巴鲁，它俩之间的坚冰融化了，维斯拉已经接纳了巴鲁。这件事增加了巴鲁的自信心和勇气，此后它经常睡在维斯拉身边。

小狗崽喜欢什么？只要有机会它就会和同类一起玩，或者把主人当作同类的替代。这是所有进化为更高级的动物最爱的活动，包括人类。在游戏中，狗狗可以为将来积累各种各样的经验，小狗崽必须有机会玩耍，轻松地成长。因此，我每天都在帮巴鲁找玩伴，尽可能约它朋友的主人一起出来带着小狗崽们玩耍。游戏是狗狗的日程表中必不可少的一项，因为通过和伙伴的玩耍，会磨平它们性格上的棱角。

仔细观察

只要肯用心观察，理解力正常的人都会从狗狗的游戏中找到令人吃惊的发现。以巴鲁为例，它和朋友们在一起会玩儿格斗和追逐的游戏，就像每一本教科书里写的那样。在游戏中它可能会忘了自己，但是决不会忘记我。游戏中每过一会儿，巴鲁都会看看我是不是还在附近，如果一切正常，它就会继续和伙伴玩耍。这不是狗狗的本性，巴鲁的大多数伙伴在游戏中从来不会看向它们的主人。这说明我和巴鲁的关系很亲密，说明了它对我的依赖。在捡木棍的游戏中巴鲁展示了它温和的性格，即使三只狗狗同时把木棍咬在嘴里争抢，巴鲁也会注意力度，不会伤害其他伙伴，但巴鲁毕竟已经长到了 65 公斤，肩高 80 厘米。草地上来了一个自信满满的家伙，它竖着毛朝着

▸ 巴鲁对这个自信的同类表示了尊重，但很可惜它攻击了巴鲁。这让巴鲁感到不适，把进攻者赶走了。

▸这个“四人小组”最能理解彼此，它们开心地在草地上嬉戏。狗狗之间也有喜欢和厌恶。

大家叫，巴鲁躲开了。巴鲁垂着尾巴和脑袋，弓着背，这对挑衅者来说是一个很明显的示弱的信号，它知道自己在心理上战胜了巴鲁，它示威的叫声起了作用。但是当这个挑衅者狂妄地想要攻击巴鲁的时候，局势发生了变化。巴鲁的行动和心理都出现了180度的逆转，没有任何预兆地巴鲁露出牙齿开始反击。挑衅者被巴鲁的样子吓坏了，一直逃出去很远。成年的罗威犬和德国牧羊犬都意识到了威胁，也马上走开了。对于胆子较小的狗狗，巴鲁经常用自己的体型威胁它们，佯装要攻击，咆哮着冲向它们进行恐吓，这一招往往都很有用。趁我不注意，巴鲁在它们身后追赶它们。巴鲁为什么要这么做，这是它性格里的阴暗面吗？并不是。巴鲁的表现说明了它内心的不确定，它采取了象棋里的策略——进攻是最好的防守。所有威胁到它的都要进攻。巴鲁采取的这个策略利用了它的体型优势屡战不败，而且用看似凶猛的进攻掩饰了它的不自信，甚至也许还有一些胆怯。这个推测和我观察到的其他情形也是一致的。一些特定频率的噪音也会吓到巴鲁，金属物品碰撞的声音会把巴鲁吓得跑掉，但不同于维斯拉，巴鲁一点都不害怕打雷闪电。尽管维斯拉平日里很安静，但是一场雷雨可以打破它所有的平静，它会喘息着跑到我的身边寻求安慰。如果在深夜，它就会一直站在卧室门前叫，直到我把门打开，让它进来。如果可能，它更想钻到床底下，但可惜它块头太大了。所以它紧紧靠在床边，就这样与我们度过雷雨的夜晚。如果在白天，维斯拉会躲进地下室，把自己藏起来。

我试着让巴鲁逐渐适应金属的声音，帮它克服这种恐惧。我妻子用绳子牵着巴鲁，以免它在听到第一声响动的时候就跑开。我先让把两个金属物品拿到巴鲁面前，让巴鲁闻，然后轻轻地撞击两个金属物品，发出轻响。但即使这样，巴鲁还是想要逃跑，但是它被绳子牵绊着。我和妻子抚摸它的毛发，轻声安慰它。又尝试了两三次后巴鲁知道了，这种声音不会带来危险，随后就不会再对金属声产生恐惧。

接着我加大了敲击金属物体的力度，巴鲁对这个音量的声音也适应了，此后巴鲁不再害怕金属物体发出的声音。但是很遗憾维斯拉到现在也还是会害怕雷电的声音，因为我模仿不出来雷声，没有办法帮它克服恐惧。

维斯拉和巴鲁为什么会害怕不同的声音，其中的原因我也不得而知。大概这和它们在幼年时期不愉快的经历有关。这个例子说明我们需要仔细观察狗狗的行为才能深入了解它们的内心世界。我也是很偶然地发现巴鲁会对特定频率的声音产生恐惧，听到救护车的声音它会像狼一样嚎叫，而维斯拉眼睛都不会眨一下。很多狗狗会害怕雷声，但巴鲁一点反应都没有。这些说明狗狗对声音的反应如此不同，同样的声音会使不同狗狗的大脑的不同区域产生反应，连接不同的神经元。我意识到这个问题并思考了很久，得出了这样一个结论：应该给小狗崽充分的空间，让它在好奇心的支配下自由探索周围的环境。

狗狗知道关于自己的事吗？

巴鲁是我最喜欢的“研究对象”，从它很小的时候我就开始跟踪研究它的个性发展，从它身上，我证实了很多人们已经发现的事情，但也发现了“教育理念要符合个性”这一原则。

名字的秘密

小鼠宝拉是巴黎的一个小鼠马戏团的明星。“走起来，宝拉！”驯兽师叫道，宝拉接连从一个小板凳上跳到另外一个上面。我觉得这个小演出很有特色也很有意思，但并未多想。一年以后，当我在大学里开始跟小白鼠一起工作时，我才又想起那个小鼠马戏团。在大学里，人们研究的所有动物都有编号，我不喜欢这些编号，悄悄地给我那群小鼠都取了名字。最有好奇心、最不知道害怕的那只叫克里斯多夫，跟美洲的发现者一个名字；最胆小的那只叫兔子脚。这时我突然想到一个问题：小鼠们理解自己的名字吗，或者它们是在跟随其他符号行动呢？我用了一系列小实验来测试我的小鼠们。25 只小鼠全都对它们的名字没有反应。难道真的像德国动物学家爱尔娜·摩尔说的那样，小鼠太笨了，所以记不住自己的名字吗，或者其中另有隐情？我真的不知道了，也许那位杂技明星宝拉也并不知道自己的名字。

诺贝尔奖得主康拉德·劳伦兹猜测，亚洲灰鼠也不理解自己的名字，动物并不是理所当然地能理解自己的名字。按照他的解释，灰鼠之间并不以个体来进行区分，而是以匿名的族群为单位生活。它们有一个共同的“气味名字”，也就是说，族群中的成员只知道谁属于这个氏族，谁不属于它。但是狗狗不是这样的，它们一方面能辨认出个体的气味，比如巴鲁就知道维斯拉是谁，维斯拉也能认出巴鲁；另一方面它们也有共同的族群气味，就是典型的狗味儿。所以狗狗是有两个名字的：自己的和族群的。

我知道你是谁　大家都见过公狗狗是如何抬腿尿尿并标记领地的。这种通过气味标记领地的行为在其他狗狗看来就像是大声宣布：“当我知道了另一个‘人’是谁的时候，就要预计一下值不值得发动一场边界战争。”

这与现今的科学研究是一致的，科学家们确定了相邻领地之间的动物是有一定宽容性的，特别是在那些长期居住在同一领地附近的不同类型的动物之间也可能会有友谊，比如食肉动物和羚羊。这让我想起了人类的行为，我们先互相认识，互相评价，维护友谊，避免冲突。激烈的领地保卫战最可能的诱因是不熟悉的陌生个体的出现。

个体之间的交情也是有限的，尤其是当一个族群或群体过于庞大的时候。大的狒狒群成员可以达到 85 只，其中每一只都认识另外 84 只。教师都知道要记住 85 个学生的名字有多难。和每个名字联系起来是特定的体征，如毛发的颜色、气味或者个性特征。这无疑是对记忆力的挑战。人类自从几千年来就给周围的动物起名字，这种行为只可能建立在一个事实之上——动物之间也存在这样的名字，也就是说动物也会互相给对方起名字。芝加哥大学的行为生物学家亚森·布鲁克认为这其中具有代表性的就是海豚。海豚在遇见同类时，不管它认不认识，

▸ 狗狗和猫如果从小一起长大也是可以成为朋友的，猫咪即使拍狗狗一巴掌，狗狗也不会生气。

总会发出不同的叫声，以此来确认对方是谁。另外，海豚还会跟自己的同伴用相同的叫声打招呼或告知自己想说的话，如“皮特来了”。它们只需要不到三个月的时间就能记住那些独特的叫声，然后这个海豚的“声音名字”就会在它的伙伴的记忆里长期保存下来。在这方面，能够超越海豚的只有萨拉——一只可爱的雌性黑猩猩。当我因为拍摄纪录片而找到俄亥俄州立大学的萨利·鲍伊森时，我见到了萨拉。虽然那时它年事已高，但精神还非常好。萨拉年轻的时候有非常出色的成就，它学习了美式手语，学习过程中使用了塑料做成的单词以及抽象的图表符号。

狗狗和它的意识——镜子测试给出答案

狗狗不认识镜子里的自己——这能衡量它们是否有自我意识吗？这个问题尚待解决，因为我们通常都是从自己的角度出发看待很多事物的。所以我们的实验就非常有意思了，要看看狗狗是否能将镜子作为一个辅助“工具”来使用。实验结果让我非常惊讶，但您还是自己往下读吧……

我在很多事上都相信狗狗的能力，所以也做了很多实验工具来证明我的想法。加斯明·高尔拉得在自己国家的考试论文中做了一些相关实验，他给了我很大的帮助。那这个实验器材到底长什么样呢？

实验装置

用几个大约 1 米高的木板做成通道，在通道的尽头放置一面镜子。狗狗必须沿着通道一直走，并在镜子中看到目标物体——在木头墙左边或右边的一个光束，这个光束只有从镜子中才能看见。但在开始这项实验之前，狗狗必须完成一个艰难的学习任务，即走得到手电筒光束投射的地方。如果它做到了，就能得到一块饼干。只要饼干和灯光之间的联系成功建立，就可以开始此项实验了。首先必须将灯光和饼干联系在一起，因为这样可以防止狗狗在找灯光的时候使用鼻子，过程中要避免任何气味的出现。

▸ 狗狗站在开始的位置，突然从镜子中看到过道尽头有一团光。

▸ 狗狗慢慢走近镜子，待了一会儿，认定灯光在木板墙的旁边。

开始实验

第一个受试者是糖果，一只澳大利亚牧羊犬。我们之前已经认识它了，它证明了自己的好奇心和智力。当要解决艰巨的任务时，糖果总是第一。它站到了实验开始的位置，突然看到了镜子里的光束。它走向镜子，待了一会儿，认定灯光在木板墙的旁边。它毫不犹豫地绕过木墙走向光束，得到了实验人员从远处投过去的食物。但是糖果是个特例，它在10次实验中有9次都做对了，因为它很熟悉镜子，在自己家也游戏般地学习过镜子的原理。它经常通过镜子观察正在工作的主人雅思敏。但对其他狗狗来说这项实验就是很大的挑战，它们通常会先围着镜子转，试图在镜子后面找到那束光。它们以为物体就在自己眼前，并没有理解镜子里的物体在自己身后。这项练习需要时间，大部分的狗狗要尝试10~15次才知道镜子的反射特性。它们一旦渡过了这道难关，就能将镜子当工具使用了。

猫咪也会用镜子

对于那些除了养狗狗，还养了猫咪的人来说，这一部分的内容可能非常有趣。同样的实验器材，同样的实验思路，同样的实验人员，同样的问题设置，只有受试对象不同。弗莱堡大学生物专业的学生柯丽娜·旭色勒和一些家猫。通过一系列实验，我们得出结论：猫也会把镜子当成工具来使用。即使人们将镜子里的光束用另外一面镜子再次映射的时候，它们也能成功。让我们对猫咪脱帽致敬吧！您要是自己试试，就知道这项任务多不容易了。

▸ 狗狗确实通过镜子发现它必须要绕过木墙。

▸ 狗狗用爪子去碰那片光，做得太棒了！现在它当然要得到奖励了。

萨拉认识名字　每个训练员或是同类的名字都有一个塑料象征物，比如“萨拉”就用一个塑料太阳来代表。黑猩猩萨拉可以通过塑料模型的相应规则在有磁性的黑板上拼出“给萨拉苹果”的意思。有一次课堂上，它拼出了“给古尔西苹果”。老师马上就给黑猩猩古尔西一个苹果。它跟古尔西是朋友，也就是说，萨拉认识自己朋友的名字。祝贺它！人类非常难以想象气味也可以是名字。但奥地利的行为研究专家意雷诺一丝·艾依博尔－艾伊贝丝菲尔特证明了聋哑儿童也是可以通过气味来分辨其他人的。大家都知道狗狗在这方面完全没问题，毕竟它们的鼻子是周围环境的重要探测器。我不知道巴鲁给了我个什么样的名字，但我猜是鸟、狗狗和人的混合气味。

有自己名字的动物必须对此有所意识，因为这是区分它和其他个体的工具，是它的动物个性和个体存在的组成部分。由此区分出“我”和“非我”。同类之间在特定空间里的社交生活比人们以前想象的紧密得多，这充分地显示了动物有自己的名字这一事实，尤其是我们的狗狗。想了解它们的人必须注意这些个体在群体里是如何表现的。如果人们只是将狗狗群的社会行为用它们的祖先——狼的社会行为来解释，那就未免太以偏概全了。名字联系着一些特定的感觉，当人们听到纳尔逊·曼德拉、特蕾莎修女或者希特勒的名字时，会联想到整个人类的福祉或是残忍的大屠杀。我妻子和我在一个非洲的小村庄里听到过人们给一只坏狗狗起名叫希特勒，当时我们非常震惊，经过一番询问，当地人告诉我们所有的坏狗狗都被称为希特勒。

一个人的名字、感觉和看法会在他人的脑海中形成不可分割的整体，这就是为什么科学家总喜欢给动物编号，因为通过这种方式他们可以就单个的事物和行为方式进行更客观的评价。但我认为这种“客观”非常虚伪，因为人不可能和动物完全分开。给人和动物编码的人根本不想与其他生物有私人的接触。如果我给一个动物命名了，那就很难去折磨它或是杀死它。杀死大鹅罗萨利俄肯定要比杀死“8 号”难。

我多高了？

现在回到本章开始的问题：狗狗对自己了解多少呢？狗狗知道自己的名字，我们之前已经看过这一部分的知识了。但这还远远不是全部。

狗狗真的有意识吗？尤其是对自己身体的意识？它们知道自己有多高吗？或者它们知道其他狗狗跟自己相比高矮如何吗？支持这一观点的论据很多，因为意识和个性是紧密相连的。每天我和巴鲁一起去散步的时候都能得到这个问题的答案。85 厘米高 70 公斤重的巴鲁出现的地方，它的同类的反应非常相似，它们会非常小心翼翼地靠近它或是直接逃跑。巴鲁看起来也知道自己的个头优势，它会毫不犹豫、无所畏惧地追着其他狗狗跑。

我看到巴鲁的上百次行为与匈牙利行为研究专家塔马斯·法拉高和他的同事得出的科学结果一致。他们发现狗狗的呜咽声透露了它的个头。他们是怎么发现的呢？研究者用一个视频给狗狗展示了两张照片，同时播放狗狗的呜咽声。其中一张照片符合呜咽的狗狗的大小，另一张照片则要比实际的狗狗大或者小 30%。跟预期的一样，狗狗看那张大小相符的狗狗的照片的时间更久。研究者得出结论，即狗狗对另一只发出呜咽的狗狗的大小是有自己的预期的。我们也想知道狗狗是否知道自己有多高。在一个简单的小型实验中我们给狗狗出了下面的任务：在一个围栏上开几个大小不同的洞，以便不同大小的狗狗能通过。在洞的另一边放上小点心。杰克拉西尔梗犬毫不犹豫地钻过了小洞。我的雪山救人犬和其他非常大的狗狗并没有尝试从这个小洞用力挤过去，它们虽然把鼻子放了进去，但也就此打住了。后来它们都从稍大的洞里钻过去了。结果显示出两层含义：狗狗对自己能钻过去的洞的大小有

您知道吗？

人类是狗狗最好的朋友，狗狗会和人建立非常紧密的关系。维也纳大学的科学家发现，成年狗狗对人的行为与小孩儿对父母的行为极其相似。主人在场的时候，狗狗明显更活跃，更想去探索周围的环境，更愿意去解决问题。

实践

认识标识——您的狗狗有多认真地观察您？

给它看饼干然后藏起来

狗狗坐在您面前大约 1 米处。请您手持一块饼干，让它看见。现在将两手背后，把饼干放到另一只手里，不要让狗狗看见现在饼干的位置。然后将两只胳膊侧平举。

提示

将头转向持有饼干的一侧，同时下令狗狗“找”。一直仔细观察主人的狗狗在练习 4~5 次后会理解主人转头的意思。另一些狗狗则需要更长的时间。如果您不转头，保持头部不动，只让狗狗看您的眼神，这项任务的难度就增加了。只用眼球的转动给狗狗暗示饼干在哪只手里。

一定的认知；但是洞的大小差异必须要大，如果差距太小，它们就会估计错误并被卡住。通过这项实验，我得出结论：狗狗对自己的个头是有认知的。瑞士著名的科学家和动物园园长黑底格尔教授在马鹿身上证实了这一观点。通常鹿棚被一个窄窄的通道隔成两部分，以便母鹿在发情期的时候不被公鹿骚扰。这个通道的狭窄程度使得公鹿的大角无法通过。设计思路虽然是这样的，但时不时就会有一些身手矫健的公鹿跑到母鹿的地盘上。它们灵巧地操控自己的鹿角通过那个小开口，这些细节的动作明确地显示了它们对自己的鹿角的伸展程度有精确判断。公鹿在任何时候都知道自己的角的大小，而每年鹿角都会从光秃长到最大，然后公鹿就会换一次角。有些动物对自己身体大小（包括那些它们的眼睛看不到的地方）的估计其准确程度让人震惊，因此马能用蹄子小心地挠肚皮，牛会用角赶走讨厌的苍蝇，而狗狗经常认真地挠耳朵。

即使对自己身体的意识不能作为对自己的身份和个性认同的充分论据，这也是自我认知的第一步：自己的身体，不管是能看见的还是不能看见的部位，在内心世界即大脑中也占有独特的位置。

我们认为自己的身体属于自己并不是那么理所当然的事情，大脑中的一个小错误就会剔除我们身体意识的基石。脑瘤患者可能无法感受自身的肢体，例如大腿。对某些动物来说也是如此。一头豹子如果在事故之后，尾巴因伤变得麻木了，那它就非常危险，因为它可能会咬掉没有知觉的身体部位。它分不出自己的和他人的，最终会死于自残。

我现在还不能解释狗狗在强迫症的驱使下不停地试图咬自己的尾巴是否和豹子的行为原因一样。如果您看到了狗狗的这种行为，请转移它的注意力，阻止它。如果没有用，请咨询专业人士，如行为治疗专家或是专攻心理疾病的兽医。

将自己的身体和外部环境区分开来对生命来说非常重要，即使是狗狗小的时候第一次开始追咬自己的尾巴也非常重要，它会很快学会放弃追咬。

我是谁？

巴鲁颤颤巍巍地走进屋子，突然它站在里面不走了，开始震惊地看向镜子。它全部的注意力都集中在镜子里的那个自己身上，紧接着它的耳朵最大幅度地竖了起来，两侧鼻翼快速地翕动着，试图捕捉到陌生的气味分子，但并没有其他狗狗的气味。巴鲁不能理解那是它自己的投影，它很困惑，像其他 5 个月大的雪山救人犬一样，它们应对这种状况就是选择发动攻击。它汪汪地叫着，发出威胁的咕噜声。巴鲁当然非常纳闷为什么镜子里的那只狗狗一点儿也没表现出对它的尊重，相反，它的行为方式跟自己一模一样。顿时巴鲁觉得受到了挑衅，它龇着牙开始威胁对方，而对方根本没有胆怯。很明显，巴鲁无法将镜子里对方的行为跟自己的行为联系在一起，无法将这种相同性和同时性归结到自己身上。巴鲁知道自己在做什么吗？总之，巴鲁肯定对自己的同类有一个准确的预设，因为它很快就失去了对镜子里那只无礼狗狗的兴趣，慢腾腾地走出了房间。这样的“镜子大战”我看见过三次，之后那神秘的镜子就再也没引起巴鲁的兴趣，它会很自然地从旁边走过，不往镜子里看一眼。难道是 5 个月大的巴鲁年纪太小，不足以认识到自己的镜像吗？我对各个年龄段的很多狗狗都做过镜子实验，总是得到相同的结果：没有一只能认出那是它自己。而且不只是狗狗，大部分的动物都无法通过镜子测试，只有猩猩、海豚、大象和一只叫格尔提的喜鹊认出了镜子中的自己。而且人类在 15~18 个月大的时候也有这样的困难。为什么小孩子在大约一岁半的时候才能认出自己？为什么这么多动物都在镜子测试中失败了？这个测试能说明了使用镜子需要基础的思维能力吗？能认出“镜子中正是自己”的能力与将自己视作一个不同于其他人的独立个体

小贴士

睡眠好的狗狗比疲倦的狗狗能更好地解决问题，所以如果您的狗狗要做智力测试的话，请您注意它的睡眠生物钟。

▸ 幼犬对世界感知的多样性取决于它的主人——类似父母和孩子的关系。

的能力是相当的吗？也许镜子里的自我感知只是对自己身份、自我意识的表象：这是我，正在行动的我；这是我，正在感受的我；这是我，正在思维的我。

辛德拉认出了镜子里的自己 几年前有一只动物让我开了眼，它知道镜子里的是自己。它就是巴塞尔公园的黑猩猩辛德拉。我们当时准备拍摄纪录片《动物有意识吗？》，那些猩猩妈妈和它们的孩子簇拥坐在玻璃窗前面，看着我们支起摄像机，然后发生的一幕谁也没想到。摄像机的位置正好对准了辛德拉，恰好电视机荧光屏的位置也能让辛德拉看见。

辛德拉瞪着荧光屏看了一会儿，轻轻晃了晃脑袋。然后它特意变换了一下自己的位置，想看清楚电视机的后方。但是那儿并没有人，更没有别的猩猩。辛德拉想一探究竟，特意做了几个扭动的动作。终于它的表演升级成了怪诞的杂技动作：它用力撑起双臂，将整个身体悬空，在双臂之间前后来回摆动，就像海盗船一样。在此过程中它的眼睛没有一秒钟离开过电视机屏幕。虽然整个过程看起来特别怪异，但没有人笑。相反，我们几乎不敢出声，看着辛德拉让人印象深刻的自我认知实验。当电视里的那个它也完成了相同的动作之后，辛德拉的紧张感明显消失了。它一定知道那是它自己的图像了。现在它得到了一个好好看看自己（以前没看到）身体各个部位的机会。它看着张开的嘴，感受着自己的牙齿。它用手指头戳戳鼻孔，揪揪自己的乳头，终于转过身背对着摄像机，扭过头，生平第一次看到了自己的后背。它轻轻地用手指触摸过自己粉红色的臀部，以及那对雄性黑猩猩艾洛斯充满性诱惑的外阴。

其他的黑猩猩在做什么呢？它们好像都没有看破荧屏的秘密，也不知道辛德拉令人激动的发现：这儿可以看见自己。艾洛斯偶尔也会迈着示威性的步伐走向屏幕。那些半大的小黑猩猩虽然对电视屏幕很感兴趣，一窝蜂地会向摄像机冲去，但是在半道上它们就不敢再前进了，与之惊恐地保持远远的距离，或许因为电视机里的那群猩猩也正向它们扑来。

辛德拉的行为有力地证明它认出了镜子中的自己。并不是我一个人这么认为，著名的灵长类动物教授库默尔跟我解释说："很明显，辛德拉是有自我意识的。"即便如此，我们还是决定要完成之前经典的镜子测试。

第二天我们将带来的卧室镜放到了玻璃围栏的旁边，黑猩猩们对它并不怎么感兴趣。但当饲养员雷涛·韦伯出现的时候，场面就发生了戏剧性的转变。他并不是空着手来的，他一边发苹果块，一边亲昵地抚摸黑猩猩们，顺便在一些黑猩猩的额头上抹了点儿颜料。雷涛的手之前碰过颜料。是否有黑猩猩注意到了这一点我们不敢肯定，但总之黑猩猩们就像什么都没发生一样，包括那些额头被摸了银白色颜料的，其中就有辛德拉。几分钟过去了，并没有什么特别的事发生。当辛德拉从大约距镜子 3/4 米的地方走过时，我们的摄像师正偷偷看着它。突然它停住了，它肯定从余光中注意到了什么动静，几乎是像受到了惊吓一样转过头来，盯着镜子，走近一些，不一会儿就开始认真地研究自己的脸。它还将自己的头又向前伸了伸，好像要仔仔细细看个够。然后它毫不犹豫地开始擦额头，直到那些颜料被擦掉。这只可能有一种解释：辛德拉知道那涂着怪异颜料的是它自己的额头。这次镜子测试消除了辛德拉是否有自我意识的最后一丝疑虑。

意识是什么？　为什么狗狗对待自己镜像的态度跟黑猩猩有天壤之别呢？有几种可能的原因。黑猩猩跟我们人类一样是用眼睛来感受环境的，它们跟我们看到的颜色相似，晶状体也能很好地对距离进行调节。所以也许狗狗对自我的感觉并不是经过光学“工具”，更可能是经过气味信息来确定：这是思考着的我，这是感受着的我，这是行动着的我。开发这个方向上的研究对我们来说非常困难，因为与狗狗相比，我们的气味世界太过贫乏。也很有可能狗狗确实没有自我意识的概念，但它们依然能生活得很好，因为意识有不同的形式，比如身体意识和专注意识。

现在的问题是，意识是什么？在疼痛出现时我们能意识到，当我们闯红灯时也是意识在起作用。要给意识下个定义比较困难，因为它不是简单地指大脑的特定状态，而是一个变幻不定的内心世界。感官的感受、记忆与期待、担忧与愿望、目标设定和结果评估都在意识中混合。我们绝大多数行为都是在下意识的状态下决定的。

对狗狗来说，只要一小会儿就对镜子测验没有兴趣了，它们就不再关注它了。但是我还想要再介绍一种猴子——南美洲卷尾猴，它们虽然认不出镜子里的自己，但是会使用小镜子来看视线之外的走廊。它们中最聪明的甚至会使用镜子来找附近那些不能直接发现的食物。大象也会把镜子当成工具来使用。但是我们的狗狗会这么聪明吗？

每个狂野“汪星人”的内心都种有一株敏感的“含羞草”

巴鲁挠痒痒挠了好几天了，肚皮下面的皮肤红得很厉害，得赶紧去看看医生了。我们走进候诊室，8 个月大的巴鲁还从来没有在一间屋子里看见过那么多猫猫狗狗。各种气息如枪林弹雨般砸向它。大小狗狗都在盯着它看。没有狗狗叫，它们的鼻翼都在剧烈地翕动着。它们也许在问自己：“这个个子又高、年龄又小的新家伙是谁啊？”我虽然能看见它们所看见的，却不知道它们闻到了什么。短时间的检视之后有几只狗狗转过头去继续假寐，另一些还在关注着巴鲁。空气都变紧张了。我环视了一圈，找到一个座位，向前走了一步。巴鲁显然觉得我前进得太多，它竖起背上的毛，呜咽起来，开始汪汪叫。这是它平时在感受到压力时的反应。我跟它说话，以严厉的声音让它坐下。它安静了下来，但它内心的想法我就不得而知了。

我们平静地坐在那儿，直到医生叫到我们。诊室的门打开了，我们要进去了，巴鲁却固执地拒绝进门，我怎么劝说都没

▸ 你是谁啊？巴鲁好奇地看着自己的镜像。它是个陌生的同类吗？巴鲁不知道那就是它自己。

用，只能拽着它进去了。我从它微微下垂的尾巴看出来它很害怕。然后它在诊室里就根本不再听话了。我试图让它安静下来，抚摸它，跟它温柔地说话，虽然有点儿用，但是它死活不愿意让兽医给它看病。兽医费了九牛二虎之力才终于给它检查了一下。狗狗、医生和我都非常有压力。这个时候巴鲁的身体里发生了什么呢？当动物身处压力环境时，它们血液或者唾液应激激素皮质醇的含量会升高。

皮质醇是动物心理状态的指示器。当动物血液中皮质醇含量过高时，就说明动物内心承受着巨大的压力，感觉不舒服。借助这项生物化学指标以及动物的特定行为，比如狗狗在特定的情况下会耷拉着尾巴，我们就可以判断狗狗是否感觉舒适。

对于狗狗和主人而言，看宠物医生都是一件很有压力的事情，维也纳大学的玛利亚·里希特耐克尔特在她的硕士论文证明了这一点。所以巴鲁的表现是很正常的。里希特耐克尔特女士仔细记录了狗狗在候诊室等候时、在检查室接受检查时以及检查完毕后在治疗室的表现。她记录了狗狗以下行为的出现频率：发抖、呜咽、咆哮、吠叫、咬、垂下尾巴、竖起耳朵、隐藏、蹲坐。

通过观察里希特耐克尔特女士发现，狗狗表现出了两种不同的性格特征：经常有上述表现或者几乎没有上述表现。经常出现上述表现的狗狗处于紧张状态，而很少有上述表现的则狗狗处于放松的状态。

我们能不能通过狗狗的行为揣测它们的内心世界呢？很遗憾，只要我们不满足于浮于表象的答案，世界的真相永远比我们想象的要复杂。在候诊室里，紧张的狗狗的血液中皮质醇的浓度更高，这是我们早就预料到的。但在治疗过程中和治疗结束后，原本心态放松的狗狗的皮质醇含量却增加了更多，这让我们非常惊讶，其中的原因暂时还无法解释。

▸ 即使只能把头从石头门槛上的洞里伸出来感受外面世界的景色和气息也是极好的。

玛利亚·里希特耐克尔特提出了一种可能性：生活平静的狗狗和人类暴露在令人不愉快的或者令人害怕的环境里时承受力较弱，会表现出更强烈的生理反应。我认为这种解释有一定的可取之处，让我不禁想到，习惯了某种生活轨迹，哪怕是最微小的变化也会让一些人心烦意乱。回到巴鲁身上，在检查室里巴鲁害怕得不得了，巨大的恐惧包围了它，巴鲁不肯再听我的话。原本它就胆子很小，而且随着年龄的增长表现得越来越明显。维斯拉的去世对巴鲁打击很大。维斯拉离开后，书从桌子上掉在地上的声音都能把它吓得从房间里逃出去。维斯拉还活着的时候，巴鲁会模仿维斯拉，看维斯拉在这种情况下会怎么做。维斯拉的反应永远只有一个，就是没有反应，在绝大多数情况下它连头都不会抬一下。维斯拉的平静可以安抚巴鲁，把它胆小的一面暂时藏了起来。巴鲁需要很多关注和爱抚，这些可以让它开心起来。巴鲁就像一株含羞草。含羞草是一种植物的名字，即使轻轻触碰它的叶片就会闭合。有些人和动物的心灵就像含羞草羽毛状的叶子，对最细小的刺激也极为敏感。巴鲁就是这样一株“含羞草”，看到、闻到、听到陌生的东西都会让它不安地抬起头，竖着尾巴四处张望。我让巴鲁亲身体验各种情况，试着帮它克服恐惧，这个过程也是我和巴鲁一生中最棒的经历。

童年时期的我曾经得过白喉，在病发的时候气管会在短时间内肿胀，让我无法呼吸。由于当时情况危急而且缺少麻醉剂，医生在没有麻醉的情况下切开了我的气管。随后我恢复了健康，但是这个经历在我心里留下了阴影。当潜水要通过狭窄的通道时，我就又会觉得无法呼吸，感到无比的恐惧。我反复尝试，在那样的环境里挑战自己，这很有帮助，我逐渐控制了自己的恐惧。我和巴鲁也是这样做的，同样取得了不错的效果。它明白了，那些让它害怕的声音或者物品都和一些积极的经历相关。不过巴鲁的性格有两面性，它的另一面很“狂野”。只要离开家，巴鲁的胆怯就消失得无影无踪，各种声音都吓不到它。在同类面前它表现得就像一个不可战胜的勇士，从它的外表看不到一丝一毫的怯懦。相反，它向陌生人和同类发出的信号非常明确——我是最强壮的。事实上，这的确也是真实的巴鲁。大多数狗狗都害怕巴鲁，这使得巴鲁对自己的身体力量更加自信。当它优越感爆棚的时候，它还会亮出自己的生殖器，以此来显示自己的强壮。巴鲁的双重性格让我很难在对它的训练中掌握平衡，一方面我要小心呵护它敏感的心灵，这需要很多包容和体贴，另一方面还要让它明白它必须遵守必要的规则。和巴鲁一起生活很有挑战性，但是没有巴鲁，我的生活必然不会完整、不会如此美好。

为什么会有个性？

很多人都反对讨论动物的性格问题，他们在人和动物之间划了一条清晰的界限，这边是动物，另外一边是人类——“造物主的杰作”。至少从达尔文提出进化论以来，我们知道了动物和人类之间并不是泾渭分明，相反，人类是由动物进化而来的。然而这种“黑白论”由来已久，在人类历史上不是什么新鲜事。对动物不够了解的人，往往会在人类和动物之间筑起一道无知的壁垒，这样做的后果非常可怕。回顾历史，人们用了多久才接受深色人种和白人一样是平等的？伟大的哲学家、思想家伊曼努尔·康德也不能免俗，他也认为深色人种低人一等，间接地支持了对黑人的奴役。正是由于这些狂妄自大的优越感才会导致人类历史上的诸多暴行，印第安人和澳洲的原住民几乎因此被屠杀殆尽。我们逐渐明白，为什么偏见让我们变得盲目，为什么大自然会创造出个性不同的生命。科学的使命就在于揭示生物进化中个性特征的存在价值。随着科学家对“种系发生学”的研究不断深入，他们不断地为不同生物个体间的差异所叹服，即使章鱼和豌豆蚜虫也都有自己的性格特点。生物学家韦伯科·西特曾经试图通过实验了解基因相同的虱子性格是否也会存在差异。她得出的结论：存在。

小贴士

出于本能，狗狗会在散步时表现出小心谨慎的一面，一只乌鸦或者公园的长椅都会让它们发出威胁的咆哮。即使在我们看来毫无威胁的东西，也会引起狗狗的不安。这个时候您只需要把它带到这个物体前，让它用鼻子嗅个够，它就会知道警报可以解除了。

回到本章节最初的问题上，为什么动物会有个性？概括而言，生物学家们给出了这样的答案：生物的个性是在它们加速或者阻止进化过程中的力量之一。因为在快速变化的环境中，只有更富于个性的族群才更能从变化中获益。个体之间的个性差异增加了族群适应新条件的机会。所以在环境相对稳定的海洋深处，生物的个性特点就没那么明显。

如果承认动物的个性，不把它们视为“东西”，那么也要承认动物的权利。因此我认为，每一只狗狗都有根据其性格特点接受恰当的训练的权利。只是简单地根据狗狗的品种进行训

▸这只爱尔兰梗在四处张望，看它的女主人是不是还在附近。就像前面提到的，它和主人之间建立了紧密的联系。

练，认为牧羊犬都会怎样，守护犬都会怎样，这种训练方式忽略了每一只狗狗作为独立个体的性格。在极端的情况下，这样的训练可能会是对狗狗的虐待。狗狗不是天生的命令接收机器，也不是人类的臣民，它们不是“发臭的机器人”。狗狗也会有自己的心愿和情感，不能被粗暴地忽视。当然为了和人类共同生活它们需要遵守一定的规则，这一点毫无疑问。但是我们现在训练狗狗的方式中很多是不恰当的，请让您的狗狗以一只狗狗的方式生活。最后，我想用我一直以来的榜样——诺贝尔奖获得主、“狗语者”康拉德·洛伦茨的一句话作为本书的结尾：“每一只狗都无与伦比。”

地址

协会和俱乐部

世界犬业联盟（FCI），比利时，蒂安，阿尔伯特广场1号13层B-6530 www.fci.be

德国犬业协会（VDH），德国，多特蒙德达姆174号，邮编44141. www.vdh.de

奥地利养犬俱乐部（ÖKV），奥地利，比德曼斯多夫，西格弗里德-马库斯大街7号，A-2362。www.oekv.at

瑞士犬业协会（SKG/SCS），伯尔尼，布伦马特街24，CH-3007。ww.skg.ch

德国动物保护协会，德国，波恩，鲍姆舒拉路15号，邮编53115. www.tierschutzbund.de

瑞士动物保护协会，（STS），瑞士，巴塞尔，多纳赫路101号，CH-4008。www.tier-schutz.com, Beratungsstelle Tel. 0041/61/3659999

奥地利动物保护协会，奥地利，维也纳，贝尔拉路36号，A-1210。Tel. 0043/1/897 33 46 , www.tierschutzverein.at

德国犬运动协会，德国，维滕堡，卢瑟斯塔德，诺德大街14a，邮编06886. www.dhv-hundesport.de

犬驯养师及行为咨询师行业协会（BHV），德国，瓦尔德姆斯-阿尔泽特，菩提树大街3号，www.bhv-net.de

宠物研究协会，德国，不莱梅，邮编28087，邮箱11 07 28, www.mensch-heimtier.de, info@mensch-heimtier.de

宠物用品行业协会（IVH），德国，杜塞尔多夫，伊马努埃尔-劳艾策街1b，邮编40547. www.ivh-online.de

德国动物福利联合会度假咨询服务部，Tel. 0228/6049627，周一至周四10点至18点，周五10点至16点。

犬类饲养问题

德国宠物经销商协会（ZZF），Tel. 0611/44755332（只能电话咨询，周一12点至16点，周四八点至12点），www.zzf.de

责任险

几乎所有保险公司都提供针对宠物狗狗的责任险，您可以和您的保险公司了解相关信息。

疾病保险

于尔岑保险公司，德国，于尔岑，2163信箱，邮编29511，www.uelzener.de

普陀比兹有限公司，德国，许尔特，伊门多夫大街1号，邮编50354，www.tierversicherung.biz

阿吉拉宠物保险公司，德国，汉诺威，布莱特大街6-8号，邮编30159，www.agila.de

安联保险，慕尼黑，国王大街28号，邮编80802，www.katzeundhund.allianz.de

宠物狗狗注册

德国动物保护协会，德国宠物注册，德国，波恩，鲍姆舒尔路15号，邮编53115，www.deutscheshaustierregister.de

塔索宠物注册部，德国，哈特斯海姆，邮编65784，Tel. 06190/937300,www.tasso.net, E-Mail: info@tasso.net

国际宠物注册（IFTA），德国，施瓦巴赫，北环路10号，邮编91126，Tel. 00800/43820000（免费）,www.tierregistrierung.de

参考文献

参考书籍

1. 伊曼纽尔·比尔梅林：《**动物的智慧：狡猾的猫和会说话的猴子**》，弗兰克–克斯莫斯出版社，斯图加特。

2. 伊曼纽尔·比尔梅林：《**绝不是笨蛋！鸟类惊人的能力**》，弗兰克–克斯莫斯出版社，斯图加特。

3. 多丽特U·菲德森–彼得森：《**狗狗的行为表现**》,弗兰克–克斯莫斯出版社，斯图加特。

4. 霍斯特·黑格瓦德–卡瓦西：《**狗狗的种类A到Z**》，格莱佛&乌恩泽出版社，慕尼黑。

5. 亚当博士·米克洛希：《**狗狗——进化，认知和行为**》，弗兰克–克斯莫斯出版社，斯图加特。

6. 尼娜·卢格/君特·布洛赫：《**我的狗狗感受到了什么，我的狗狗在想什么**》，格莱佛&乌恩泽出版社，慕尼黑。

7. 卡特里娜·施雷格–科福乐：《**狗狗饲养指南**》，格莱佛&乌恩泽出版社，慕尼黑。

8. 卡特里娜·施雷格–科福乐：《**幼犬养育手册**》，格莱佛&乌恩泽出版社，慕尼黑。

9. 卡特里娜·施雷格–科福乐：《**狗狗的语言**》，格莱佛&乌恩泽出版社，慕尼黑。

10. 海柯·施密特–罗格：《**犬类饲养实践手册**》，格莱佛&乌恩泽出版社，慕尼黑。

11. 佩德拉·史泰恩：《**狗狗的自然疗法**》，格莱佛&乌恩泽出版社，慕尼黑。

12. 埃伯哈德·特鲁穆勒：《**与狗狗同行**》，派珀出版社，慕尼黑。

13. 萨比娜·温科勒：《**狗狗–遥控器–盒子**》，格莱佛&乌恩泽出版社，慕尼黑。

14. 基斯顿·沃尔夫：《**最棒的狗狗游戏**》，格莱佛&乌恩泽出版社，慕尼黑。

期刊：

1. 《**狗狗**》，德国鲍恩出版社，柏林。

2. 《**良友——狗狗**》，关爱动物传媒公司，伊斯曼宁。

3. 《**狗中贵族**》，德国犬类出版商协会，多特蒙德。

4. 《**狗狗**》，格鲁纳+雅尔，汉堡。

5. 《**给动物们一份爱心**》，关爱动物传媒公司，伊斯曼宁。

网络文献：

1. 狗狗的相关知识，论坛：www.hunde.com

2. 狗狗的运动和驯养，繁育师地址：www.hundeadressen.de

3. 纯血统狗狗的相关知识及重要地址：www.hundewelt.de

4. 适合狗狗的游戏和活动：www.spass-mit-hund.de

5. 养狗狗的相关杂志：www.hallohund.de

6. 允许携带宠物狗狗住宿的酒店、度假别墅：www.ferien-mit-hund.de

7. 宠物狗狗的医药知识，包括咨询、急诊和专家介绍：www.tierklinik.de

8. 促进人狗和谐相处（“人类最忠实的伙伴”协会）：www.hunde-helfen-menschen.de

脚注

参考书籍

- 约纳坦·巴尔科姆:《像动物一样游戏:行为学家揭秘动物的娱乐》,弗兰克-克斯莫斯出版社,斯图加特。(第106页)
- 斯坦利·科伦:《狗狗如何思考和感知:狗狗眼中的世界,狗狗的学习和交流》,弗兰克-克斯莫斯出版社,斯图加特。(第134页)
- 安东尼奥·达马西奥:《笛卡尔的错误》(第64页)
- 达尔文,查尔斯:《人类起源》,尼克出版社。(第167页)
- 杜德尔/门第尔/施密特:《神经科学:从分子到认知》,施普林格出版社。(第80页)
- 多丽特U·菲德森-彼得森:《狗狗的心理学:社会行为和本质》,《情感和个体》,弗兰克-克斯莫斯出版社,斯图加特。(第138页)
- 詹姆斯/卡罗尔·古尔德:《动物的意识》,史派克特罗姆学术出版社。(第152页)
- 泰普勒·格兰丁:《像一只开心的动物看世界:自闭症患者探索动物的语言》,乌尔史泰恩出版社。(第120页)
- 马克·豪瑟D:《野性的智慧:动物到底在想什么》,C.H. 贝克出版社。(第155页)
- 亚历山德拉·霍洛维茨:《狗狗在想什么?狗狗和人类感知的世界》,史派克特罗姆学术出版社。(第130页)
- 艾瑞克·坎德尔/柯博尔,海纳:《寻找记忆:一门心灵的新科学》,万神出版社。(第94页)
- 汉斯·库莫:《红海边的白色猴子》,派珀出版社。(68页)
- 格恩哈特·罗特:《个性、决断力和行为:为何你我如此固执》,柯莱特-柯塔出版社。(第13页,38页,105页)
- 格恩哈特·罗特:《情感、思维、行为:大脑如何控制行为》,索尔卡普出版社。(第61页)

学术论文

- 安托尼奥·达马西奥:《学习,心灵的工作原理》,载于《明镜》第五期,1992年3月2日:《大脑之谜》,《科学家承认意识的存在》。(第64页)
- 萨穆埃尔·D. 葛斯林:《动物的个性维度:从跨物种研究视角》。载于《美国心理学社会》,第8卷,编号3,1999年6月。(第17页,26页)《从老鼠到人类:动物研究对性格研究的启示》,载于《心理公报》,2001年。(第16页,26页)
- 玛利亚·里希特耐克尔特:《看兽医前、中、后,狗狗及其主人压力分析——基于应激激素皮质醇变化》,维也纳大学2011年硕士论文。(第223页)
- 约阿希姆·马歇尔:《动物个体(基于巴尔特·凯姆伯纳斯的观点)》,载于《大脑和思维》2010年11月第十期。(第58页)
- 海伦娜·莫斯林格:《狼的合作拉绳实验》,维也纳大学2009年硕士论文。(第170页)
- 希尔科·布拉格曼:《欧洲狼和德国牧羊犬对团队合作认知及社会机制的实验研究》,基尔大学2010年博士论文。(第170页)
- 弗里德里克·朗格:《家养犬的选择性模仿》,载于《当代生物学》2007年第17期。(第169页)
- 彼得·赛特贺:《荒野狼到家养犬:大脑基因的演变》,载于《分子大脑研究》第126期,2004年。(第26页)
- 肯特·斯瓦特博格:《害羞/大胆——预测工作犬的表现》,

载于《应用动物行为科学》第79期,2002年。(第26页)
▸ 肯特·斯瓦特博格 / 福克曼,比约恩:《家养犬的性格特质》,载于《应用动物行为科学》第79期,2002年。(第26页)
▸ 德博拉·L. 维尔斯 / 皮特·G. 海普:《家养犬的产前嗅觉学习》,载于《应用动物行为科学》第72期,2006年。(第188页)

重要提示

这本书包含的信息以及提供的建议仅适合健康、发育正常并且没有性格缺陷的狗狗。一些狗狗由于患有疾病、存在交流障碍或者在曾经和人类相处中留下过心理阴影,它们会更容易攻击人类,这样的狗狗应该由有经验的人来饲养。对于动物收留所的狗狗,饲养员和收留所有义务向领养人说明它们的来历。本书的作者力争向读者介绍当时科学研究水平下关于狗狗的知识,但是,对因使用本书中所介绍的方法而造成的人身、物品以及财产损失的,出版社和作者不承担任何责任。在此我们建议您和每一只狗狗相处时都采取必要的保护措施。

图片使用证明

封面和U4摄影师:**黛博拉·巴多威克斯**
我们的封面明星叫作艾伦,拍照的时候它一直无精打采,直到我们给了它喜欢的玩具它才精神起来。还好摄影师有足够多的玩具让它挑选。

插图摄影师:**卡塔琳娜·吕克尔 – 魏宁格**

弗洛里安·贝耶:212,213. **伊马努埃尔·比尔梅林:**187, 197, 203, 212–213, 219; **科比斯:**129–1; **塔蒂亚娜·特来福卡:**8, 32, 46, 82–1,177;F1online:23Fotolia: 28, 37, 227;Getty Images: 2–3, 69,71, 83–2, 87, 107–1, 127, 129–2, 138, 181, 193–1, 193–2, 206, 208, 211; **奥利弗·基尔:**42, 43, 49, 53, 54, 82–2, 90, 95, 100, 101, 114, 123, 136, 142, 145, 148, 149, 150, 154, 161, 165, 168, 172, 199, 216; Istock: 15, 19, 75–2; Laif: 224; Masterfile: 57, 83–1;Pfotenblitzer: 93; Plainpicture: 4, 10, 35, 60, 63, 67, 84, 101, 103, 108, 183; Prisma: 184; Shotshop: 121; Shutterstock: U2,75–1, 111, 116, 131; **动物摄影工作室**: 6, 45, 79, 107–2, 135, 157, 163; Vario Images: 2–2; Zoonar: 189.

作者简介

伊曼纽尔·比尔梅林博士是国际知名的动物行为研究专家，他曾于德国兽医协会行为研究专家组任职多年，此外还是动物分类饲养方面的专家。他对宠物、动物园和马戏团的动物进行了30余年的研究。

伊曼纽尔·比尔梅林与弗尔克尔·阿尔兹特合作拍摄了诸如《如果动物能说话》《哪个更聪明，狗狗还是猫咪？》等纪录片，吸引了上百万的观众，取得了成功。他还定期去录制脱口秀，其中有《星TV》。另外，他还担任动物电影的顾问。伊曼纽尔·比尔梅林对狗狗情有独钟，尤其关注狗狗的智力和个性，曾与他的团队一起用科学测试证明了狗狗是会思考的。他强调，人们不能将狗狗看作没有感情、为人服务的机器，而应该认识到狗狗是一种会思考的、敏感的生物。如果人们能将这种想法付诸实践，就能更容易地教会狗狗很多事情，并且能与狗狗建立更亲密的情感关系。

致　谢

在此我衷心地感谢所有直接或者间接帮助我完成这本书的人。特别要感谢我的妻子，她和我一起进行关于巴鲁的探险，没有她我不可能完成这本书的写作。德国GU出版社的加布里·林可－格林女士和安妮塔·泽尔纳女士更是我的良师益友，在问题设计和文章结构方面给我提供了很多灵感，她们提出的中肯建议让这本书增色不少，我们是一个和谐的团队。当然不能忘了，还要感谢我亲爱的、忠实的伙伴——狗狗。

译者简介

李雨晨　获得北京理工大学德语及法学双学士学位，中国政法大学法学硕士，法兰克福大学LL.M法学硕士，现居北京，任职于司法第一线。

刘美珅　2013年于北京理工大学德语系硕士毕业，曾于2009年、2011年、2015年分别在德国柏林、卡尔斯鲁厄以及曼海姆进修。德语教师。现居安徽。

猜你还喜欢

ISBN：978-3-8338-4534-5

作　　者：【德】罗纳尔多 · 林德纳博士（Dr. Ronald Lindner）◎著

刘惠宇◎译

定　　价：88.00

出版时间：2017 年 6 月

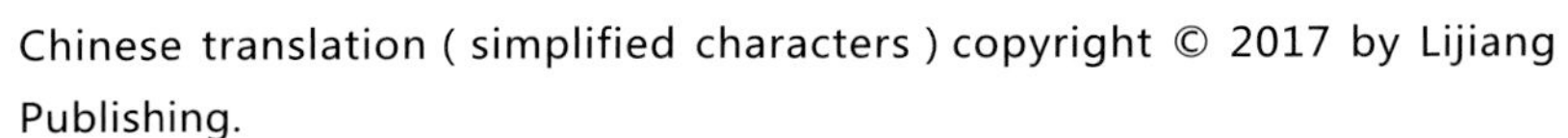

图书在版编目(CIP)数据

了解狗狗的个性：狂野“汪星人”，敏感“含羞草”？/（德）伊曼纽尔·比尔梅林著；李雨晨，刘美珅译.--桂林：漓江出版社，2017.5

书名原文：MACHO ODER MIMOSE

ISBN 978-7-5407-8091-3

Ⅰ.①了… Ⅱ.①伊… ②李… ③刘… Ⅲ.①犬—驯养 Ⅳ.①S829.2

中国版本图书馆CIP数据核字（2017）第101098号

了解狗狗的个性

作　　者：[德]伊曼纽尔·比尔梅林（Immanuel Birmelin）
译　　者：李雨晨　刘美珅
总 策 划：薛　林
责任编辑：杨　静
责任印制：周　萍

出 版 人：刘迪才
出版发行：漓江出版社
社　　址：广西桂林市南环路22号
邮　　编：541002
发行电话：010-85893190　0773-2583322
传　　真：010-85890870-814　0773-2582200
电子邮箱：ljcbs@163.com
　　　　　http://www.lijiangbook.com
印　　制：北京汇瑞嘉合文化发展有限公司
开　　本：700×1000　1/16　印　张：14.75　字　数：148千字
版　　次：2017年6月第1版　印　次：2017年6月第1次印刷
书　　号：ISBN 978-7-5407-8091-3
定　　价：78.00元

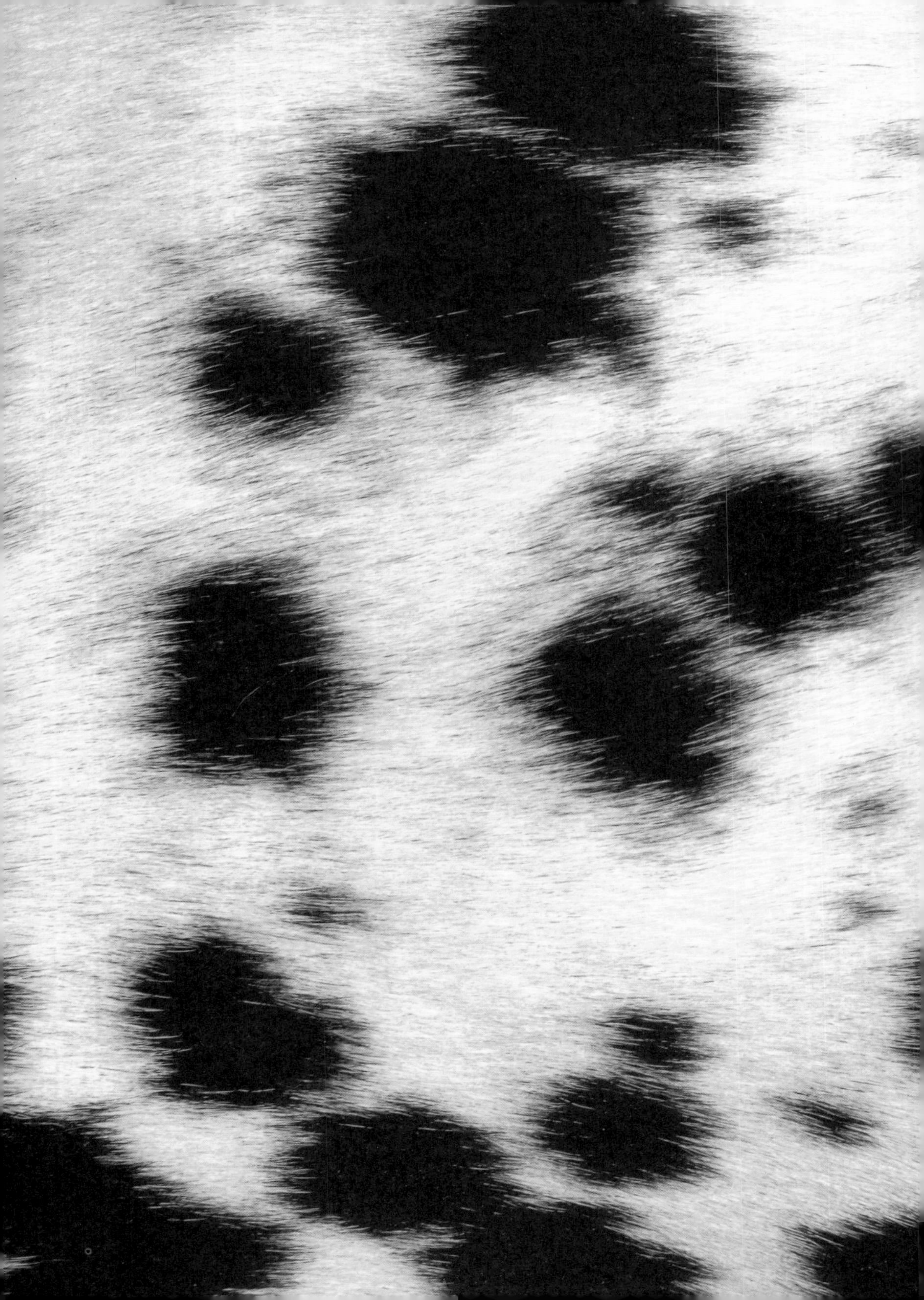